Microsoft
Power
BI ［実践］入門

青井 航平、萩原 広揮、荒井 隆徳（株式会社FIXER）［著］

春原 朋幸、西村 栄次（日本マイクロソフト株式会社）［監修］

技術評論社

この本の読者の方々へ

このたびは本書『Microsoft Power BI セルフサービス BI 開発［実践］入門』をお手に取っていただき、ありがとうございます。本書は株式会社 FIXER のエンジニアが執筆する Microsoft のクラウドサービス解説書第3弾となります。本書はローコード開発プラットフォーム Power Apps・Power Platform に関する既刊2冊に続く、ビジネスインテリジェンスツール Power BI について扱う書籍で、プログラミングやデータ分析の知識・経験がない方でも、すぐに仕事で活用できるスキルが身につけられるようになっています。

情報科学やデータサイエンスの世界では、「データ」「情報」「知識」という言葉を明確に区別して使います。単なる数字・文字・記号などの羅列に過ぎないデータを加工して、そこから情報を得る。その情報から、文脈に応じた示唆を抽出したのが知識です。

1980 年代中盤から、ハードディスクの記憶密度の向上および価格下落も相まってデータウェアハウスによるデータの蓄積が進みました。こうした時代背景のなか、1989 年に本書の主眼である「BI」すなわちビジネスインテリジェンスという言葉が、米国のアナリストであるハワード・ドレスナー氏により提唱されました。この定義における BI とは、非専門家が巨大なデータからビジネスで活用できる知識を抽出し、意思決定の質を高めるための手法・ツールを指しています。

2010 年以降、IoT（Internet of Things）の進展も影響し、世界のデータ量が指数関数的に増大しています。調査会社 IDC の調査によると、世界のデータ量は2000 年の 6.2 エクサバイト（エクサバイトは 10 億ギガバイト）から 2020 年には 59 ゼタバイトまで増大してきました。ビッグデータという言葉が使われるようになって久しいですが、クラウド上のコンピューティングリソースやストレージの利用拡大、5G の普及によるネットワークの高速化、AI の高度化などにより、ビッグデータに対する BI はますます重要になっています。

ビッグデータの利活用というと「専門知識を持ったプログラマーが、巨大なデータウェアハウスから長時間かけてデータを抽出し、データ処理言語を使って分析する」イメージをお持ちかもしれません。本書で取り扱う Microsoft の

Power BIは、データサイエンスの専門知識がなくても、視覚的なインターフェースからデータの取り込み・可視化・分析・共有を行うことができる機能を備えています。そして、ExcelやAccessなど、Microsoftのプロダクトとシームレスに連携できることも特徴のひとつです。さらに、本書のスコープを超える内容ではありますが、話題のChatGPTなどの言語モデルを活用できるAzure OpenAI Serviceとの連携により、より深い示唆を得ることも可能です。

私の所属する株式会社FIXERの経営企画チームでは、プログラミング経験のないスタッフが、Power BIを使って週次の売上管理を可視化しました。これまで、週次のマネジメントミーティングで提示する売上着地予想は「データベースから手動で抽出したデータをExcelで加工し、ピボットテーブルで集計して、PowerPointにグラフを貼り付けて、吹き出しでコメントを付ける」というやり方で作成していました。Power BIを導入したところ、リアルタイムで売上着地予想が作成できるようになったのはもちろん、その場での議論に応じて、事業領域別や受注確度別など、さまざまな切り口で可視化された情報を提示できるようになりました。

また、当社は多数の地方自治体ともお取引をさせて頂いております。行政機関は外部環境変化の加速化やステークホルダーの多様化を受け、EBPM（Evidence Based Policy Making：証跡に基づく政策立案）を推進しています。政策を実施する前後で市民の満足度の変化を調査する、政策の効果を人の流れや金銭の動きといったビッグデータに基づいて定量化するといったことが求められるようになってきました。こうした課題に対してもPower BIは大きな力を発揮します。

今後、デジタルトランスフォーメーション（DX）およびAIの活用が進むと、事務職人材が余剰する一方、専門職人材が不足していきます。今後は事務職であっても、Power BIなどのデジタルツールを使いこなし、DXの担い手となることが期待されています。本書がこうしたメガトレンドを敏感に感じ取り、スキルアップにチャレンジする読者の皆さんの一助になれば幸いです。

株式会社FIXER 執行役員
岡安 英俊

監修者の言葉

　Business Intelligence、略してBI。ビジネスにおけるあらゆるデータを分析して意思決定のための知見を得ることですが、以前はBIというと、システムの専門家がデータを集めて分析しやすい形にモデリングしてそのデータをエンドユーザーがExcelなどで取得・分析する方法が一般的でした。それがセルフサービスBIの普及とともにエンドユーザーが直接データを取得し、モデリングを行い、レポートを仕上げ、Web共有する、というように分析方法も大きく様変わりしました。この変化の中でPower BIが発売され、利用者は増えてきました。Power BIは基本的にクラウドサービスであることから現在も進化し続けており、本書執筆中にはMicrosoft Fabricというデータ変換、機械学習、AIやデータベースも含んだ統合分析スイートに拡張しています。今後はセルフサービスユーザー向けのPower BIと、エンタープライズソリューション向けのMicrosoft Fabricが両輪で企業のデータ分析を支えます。

　セルフサービスBIの本質はエンドユーザーが主役となりデータを分析することで、現場の人間が直接現状を理解し、改善や提案を行うことにあります。本書では、そのために必要となるツールPower BI Desktopの基本的な使い方から、データ収集やDAXによる変換、どのような時にどのビジュアルを使えばよいかといったリファレンス、AI機能を備えたビジュアルの操作方法、実際に多数の案件をこなしてきたエンジニアの持つテクニックまで含まれている実践的な書籍となっています。

　読者の皆さんがセルフサービスBIを武器として使いこなせれば、自分の置かれているビジネス環境を理解し、改善案や提案に結び付けるのにも役立ちます。データが身近になってきた時代ですので、自らの価値を上げるためにも是非本書を繰り返し実践することでPower BIを使いこなせるようになってください。

　なお、Power Platformのシリーズ第三弾として出版される本書は、Power BIを取り扱った開発入門ですが、姉妹本の『Microsoft Power Apps ローコード開発［実践］入門』と併せて読んでいただくとデータ分析だけではなく、より包括的にDXを推進できることでしょう。

開発環境の進化は速く、紙媒体で新機能をキャッチアップしていくのは難しいですが、本書は読者の皆さんを強力にサポートしてくれるはずです。今後発表される新機能などについては、Power BIのニュースレターをご購読頂ければ幸いです。

URL https://powerbi.microsoft.com/ja-jp/newsletter/

2023年9月

西村 栄次

本書の活用の仕方

本書の構成について

本書は次のような構成となっています。

Part 1　基本編

Power BIはどのようなものか概要を解説します。Part 1をお読みいただくことで、Power BIの全体像を把握することができます。Power BIでのデータの収集、可視化、分析を始めるために、「Power BIでは何ができるのか」「さまざまな業界や業務でのPower BI活用事例」「Power BIの利用環境はどのように準備するのか」「データの収集、可視化、分析の基本的な流れ」について説明します。

Part 2　リファレンス編

Part 2は、Power BIのデータの収集、可視化、分析でよく使用される機能の詳細な説明や、ユースケース別の可視化方法など、目的ごとのリファレンスとして構成されています。

「使用頻度の高い視覚化（ビジュアル）と詳細設定方法」「データ分析の幅を広げる計算列、メジャーの活用方法」「運用で必要とされるデータの監視やレポートの自動送信設定方法」などを目的別に分類して説明しています。

Part 3　ハンズオン編

Part 3をお読みいただくことで、Part 1、Part 2で学んだPower BIの知識を、ハンズオン体験を通じて楽しみながら理解定着させることができます。

「Part 1　基本編」の「データの収集、可視化、分析の基本的な流れ」に沿って、実際に手を動かしながら学ぶことで、Power BIの操作方法やレポート作成のコツを習得できます。実際の業務データに近いサンプルデータと豊富な解説画像でわかりやすく説明しています。

Appendix

Appendix 1ではデータ管理を容易にし、データ分析および可視化の幅を広げてくれる「Microsoft Dataverse」の活用方法、Appendix 2ではAI時代のデータ分析ソリューションとして、Microsoftが注力しているサービス「Microsoft Fabric」を紹介します。

本書のサポートページについて

本書で掲載しているデータの収集、可視化、分析で使用するサンプルデータを
ダウンロードできます。

● サポートページURL

URL https://gihyo.jp/book/2023/978-4-297-13793-9
ダウンロードした zip 形式のファイルは展開してご利用ください。

● サポートページのフォルダ構造

```
SupportPage
├─ChapterN
│   ├─SampleData_ChapterN.xlsx（Microsoft Excel形式のサンプルデータ）
│   └─SampleReport_ChapterN.pbix（Microsoft Power BI形式のサンプルデータ）
└─Appendix
     └─SampleData_Appendix.xlsx（Microsoft Excel形式のサンプルデータ）
```

Microsoft Excel のサンプルデータは、サンプルの業務データとして契約情報
（契約内容、取引先、契約金額、製品情報など）を収録しています。

Microsoft Power BI のサンプルデータは、上記のExcelのサンプルデータ取込
み、加工済みの Power BI レポート情報を収録しています。

Chapter 7 ではサンプルのデータ、レポートのほか、レポート作成を効率化す
る背景画像やテンプレートも収録しています。

これらのサンプルデータを利用すれば、お手元の環境で本書の解説どおりに
Power BI でデータの収集、可視化、分析の学習を進めることができます。

本書内の各 Chapter の冒頭でサポートページのサンプルデータをダウンロード
する指示が記載されています。サンプルデータをダウンロード後、SupportPage
.zip を展開し、C ドライブ配下にコピーしてご活用ください。

例 C:¥SupportPage¥ChapterN¥<各サンプルファイル>

目次

Part 1 基本編 1

Chapter 1 Power BI入門 2

Chapter 2 セルフサービス BI 開発環境の準備 9

Part 3 ハンズオン編 247

Chapter 7　契約分析BIレポートを作成してみよう 248

Appendix 付録

基本編

Power BIの基礎知識、インストール・設定と使い方、データ分析に必要なデータモデリング、データクレンジング、可視化について、基礎からわかりやすく解説します。

Power BI入門

Power BIは専門的な知識がなくても、データの収集から可視化および分析を簡単に行える分析ツールです。このChapterでは、Power BIの特徴と、Power BIで利用できるサービスなどについて紹介します。

1-1 Power BIでできること

　「Power BI」とは、データアナリストや情報システム部門の人材に限らず、専門知識がない人でも、簡単にデータの収集、変換、可視化、リアルタイム分析を可能にするデータ分析ツールです。このようなデータ分析およびビジネスへの活用のことを「ビジネスインテリジェンス（Business Intelligence：BI）」と言います。BIツールを使えば、グラフやチャート図などの多彩なビジュアル要素をドラッグ＆ドロップで画面に並べて、データを編集するだけで、視覚的にわかりやすいレポートが作成できます。このため、データの前処理や、統計解析に関する難しい知識も不要です。

　従来のBIツールは、データアナリストや情報システム部門の人材に依頼して、意思決定に活用するデータの分析結果を作成してもらうケースが大半でした。しかし、BIツールで分析を行う部門とBIツールの分析結果を受け取る現場部門の間で、「知りたかった情報が分析結果に反映されていない」「データの分析に時間がかかる」という事態が問題視されるようになっていました。

　Power BIは従来のBIツールと異なり、①操作が簡単で、②現場の社員自らが「必要な情報を、必要なタイミングで」レポートを作成でき、③さまざまな分析軸で問題発見と課題解決を可能とします。このような特徴を備えたBIは「セルフサービスBI」と呼ばれ、Power BIはその代表的なツールです。

　上の3つの特徴をもう少し詳しく説明すると、次のようになります。

① Power BIでは、ドラッグ＆ドロップでグラフや図を画面に配置したり、マウスクリックだけでデータ項目を設定したりすることで、視覚的な操作ですばやくレポートを作成できます。データ処理・分析やプログラミングなどの専門知識が不要な

ので、現場の社員でも手軽に使えます。

② 現場の社員自らが「必要な情報を、必要なタイミングで」レポートを作成し、必要に応じて表示するデータやグラフのレイアウトも柔軟に変更できます。

③ グラフの分析軸を簡単に変更できるのも利点です。Excelでは分析軸が限定されていますが、Power BIでは時間や地域、製品、顧客など非常に多彩な指標を分析軸にして、わずか数クリックでグラフの表示結果を切り替えられます。

　セルフサービスBIを使った結果、漠然とした状態のニーズからであっても具体的な問題を発見でき、現場の社員自らが課題の解決策を見つけ出し、検証まで行うことができるようになります（図1-1）。

▼図1-1　従来のBIとセルフサービスBI

　Power BIを活用すると、現場主導でデータ分析・可視化ができるので、ビジネスの意思決定や戦略立案はもちろん、DX（デジタルトランスフォーメーション）の推進にもつながります。実際に、現場の社員によってPower BIのデータ分析・可視化が、現場の業務改善やビジネス拡大に活用されています。以下では、活用事例をいくつか紹介します。

活用事例

事例①：不動産

　営業ノウハウのシステム化に向けてPower BIを導入。モデルルームの来場者アンケートの集計を自動化して業務効率化を実現。プロモーションの実

施地域と実際の来場者数や契約件数を分析し、紙媒体ではわかりづらい広告効果を検証し、広告の精度を向上。営業現場では高精度な分析とスピーディな意思決定が可能になった。

事例②：教育

志願者・入学者の多寡が経営に直結する課題であるところ、志願状況をリアルタイムで集計し、即座に可視化する仕組みをPower BIで構築。学部ごと、地域ごと、高校ごとの出願状況が即座に把握でき、迅速な状況把握を実現。担当者が毎日2時間かけていた作業が20分に短縮。

現在は入試関係だけでなく、システムトラブル対応記録の可視化や、退学する学生の動向要因分析など、さまざまな分野でPower BIが活用されている。

事例③：建設

1000人以上の作業員が集まる大規模な現場で、たびたび起こる「言った、言わない」などの情報共有に関する課題をPower BIで解決。Power BIで構築したシステムにより情報共有の時間と工数を大幅に削減。入力や図面作成にかかる時間も約6割削減。

現場の担当者がスマートフォンから進捗状況を入力すると、Power BI上の図面に進捗状況がすぐに反映され、リアルタイムな情報共有による作業効率の向上を実現した。

URL https://customers.microsoft.com/ja-jp/home

このように、業界や業種、企業規模にかかわらず、現場DXを推進するデジタルソリューションとして、Power BIはさまざまなビジネスシーンで利用されています。

1-2　Power BIで利用できるサービス

プログラミングやシステム開発などの専門知識がない人でも、マウス操作やExcelの関数を利用した数式を扱うスキルさえあれば、アプリをすばやく開発できる仕組みを「ノーコード・ローコード」と言います。Microsoftはこの

仕組みを実現するプラットフォームとして「Power Platform」を提供しています。Power BIはPower Platformを構成するサービスの1つで、「Power BI Desktop」「Power BI Service」「Power BI Mobile」の3つが含まれます。Power BI Desktopはデータの接続と視覚化に重点を置いており、Power BI Serviceはレポートの共有と管理、Power BI Mobileはモバイル端末でのアクセスと閲覧に特化しています（図1-2）。これらのサービスを使い分けることで、効果的なデータ分析と共有が可能になります。

URL https://powerbi.microsoft.com/ja-jp/

▼図1-2 Power BIの動作イメージ

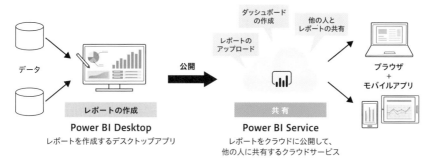

Power BI Desktop

Power BI Desktop は、Power BI のデスクトップアプリです。Power BI Desktopは無料でダウンロードできます。Power BI Desktopを使うと、データの準備、モデリング、視覚化、レポート作成など、高度なデータ分析を実施できます。Power BI Desktopには、データを取り込み、Power QueryやDAX（Data Analysis Expressions）で必要な変換や整形を行い、見栄えの良いグラフやダッシュボードを作成する機能が備わっています。デスクトップ上で作成したレポートやダッシュボードはファイルとして保存され、あとで再度開いたり、Power BI Serviceにアップロードして他の人に共有したりできます。

URL https://powerbi.microsoft.com/ja-jp/desktop/

Power BI Service

Power BI Serviceは、Power BIのクラウドサービスです。使用するにはブラ

ウザを使ってアクセスします。Power BI ServiceにPower BI Desktopで作成したレポートやダッシュボードをアップロードし、共有・公開・管理することができます。Power BI Serviceは共同作業するための機能も提供されており、複数のユーザーが同じデータを利用したり、コメントを追加したりできます。

URL https://app.powerbi.com/

▍Power BI Mobile

Power BI Mobileは、Power BIをスマートフォンやタブレットで利用するためのアプリです。Power BI Serviceで作成したレポートやダッシュボードをモバイル端末からアクセスし、利用場所を問わずに閲覧や共有ができます。Power BI Mobileは、直感的なタッチ操作に対応しており、データの可視化をスワイプやピンチイン・ピンチアウトで操作できます。モバイルアプリなので、いつでもどこでも最新のレポートを閲覧、分析することが可能です。

URL https://powerbi.microsoft.com/ja-jp/mobile/

▍Power Query

Power Queryは、Power BIと親和性の高いデータクエリ言語およびデータ準備ツールです。さまざまなデータソースからデータを取り込み、変換や結合などの操作を行い、Power BIでのデータ分析や視覚化のためにデータをきれいに整形することができます。

Power Queryの操作は簡単で、もともとExcelに搭載された機能がPower BIでも使えるようになっていることもあり、プログラミングなどの専門知識がない人でもすぐに扱えます。データの取り込みや変換は、ドラッグ＆ドロップなどの操作で行います。さらに、Power Queryは、Microsoft Excel、CSVファイル、Dataverse、データベース（MySQL、Oracle Database、SQL Server）、Webサイトなどのさまざまなデータソースに接続することができ、データを結合、フィルタリング、並べ替え、集計などの操作も簡単にできます。

URL https://learn.microsoft.com/ja-jp/power-query/

1-3 Power BIで分析できるさまざまなデータ

Power BIは、以下に挙げているような、さまざまなデータソースからデータを取り込んで分析することができます。

- Microsoft Excel
- CSVファイル
- Dataverse（クラウド上で提供されるSaaSデータベース）
- データベース（MySQL、Oracle Database、SQL Server）
- Webサイト（気象庁や政府統計など）
- SaaSサービス（Google Analytics、Salesforce、Dynamics 365）

Excelは表計算アプリとして広く使われており、CSVファイルはデータの保存と共有が可能なテキストファイル形式のデータとして古くから広汎に使われています。MySQL、Oracle Database、SQL Serverなどのデータベースと接続することで膨大なデータへのアクセスが可能になります。気象庁のようなWebサイトからリアルタイムの情報を取得したり、政府統計の広汎な統計データを利用するなども可能です。さらに、Google Analytics、Salesforce、Dynamics 365などのSaaSサービスと連携することでビジネスアプリやWebサービスのデータも分析できます。

これらの機能を使用すれば、データの視覚化やレポート作成、新たなインサイトを発見できるようになります。ビジネス上の意思決定に役立つデータを、さまざまなデータソースから簡単に取り込んで分析できるのがPower BIの大きな魅力です。Power BIに接続できるデータソースの一覧に関しては、Microsoft公式サイトを参照してください。

URL https://learn.microsoft.com/ja-jp/power-bi/connect-data/desktop-data-sources

データを取得可能なWebサイト
- 気象庁 URL https://www.jma.go.jp/jma/menu/menureport.html
- 政府統計 URL https://www.e-stat.go.jp/

Microsoft Fabricとは

　Microsoftは2023年5月23日（米国時間）、開発者向けイベント「Microsoft Build」で新しいデータ分析プラットフォーム「Microsoft Fabric」を発表しました。データレイク「OneLake」を使用してデータの収集から分析までを一元的に管理し、AI（人工知能）によるアシスト機能「Copilot」も搭載しています。

　Microsoft Fabricは、データの集約や加工、データエンジニアリングからBIによる可視化、リアルタイム分析までに至るすべての分析ワークロードをSaaS（Software as a Service）ベースで提供するプラットフォームとして、組織のサイロ化を防ぎ、顧客のデータの可能性を加速化させます。また、AIアシスト機能のCopilotを使って、チャット機能を使用したパイプラインの作成に加え、機械学習モデルの構築やモデルによる分析結果の可視化もできます。

URL https://www.microsoft.com/ja-jp/microsoft-fabric

　Microsoft Fabricの機能やAIによるアシスト機能のデモンストレーション動画を、Appendix 2「Microsoft Fabric——AI時代のデータ分析ソリューション」で紹介しています。

セルフサービスBI開発環境の準備

このChapterでは、セルフサービスBIでデータ分析を行うにあたって必要となる準備作業や、開発環境の設定などについて解説します。

2-1 Power BIのセルフサービスBI開発の始め方

　本書では、現場の社員自身で自社のデータを活用し、レポートの作成や分析を行うことを「セルフサービスBI開発」と呼びます。Power BIのセルフサービスBI開発には、2種類の始め方があります。

- Microsoft 365開発者プログラム（Microsoft 365 E5）に含まれるPower BI（Power BI Pro）を使用する
- Power BIライセンスを購入する

　以下では「Microsoft 365開発者プログラム」に含まれるPower BI（Power BI Pro）を利用したセルフサービスBI開発環境を準備する手順を説明します。

　各サービスのサインアップおよびアクティベートを行うと、ユーザーやグループ、デバイス、各種ポリシーなど組織情報を管理する「テナント」と呼ばれるグループが作成され、同時に「Azure Active Directory（Microsoft Entra ID）」と呼ばれるMicrosoftの統合ID管理サービスが自動的にセットアップされます。Azure Active Directory（Microsoft Entra ID）は、サインアップしたユーザーのID、パスワード、名前や所属部署などのプロファイル、保有しているプラン（ライセンス）、権限を管理するサービスです。

　Microsoftのクラウドサービスにアクセスするときは、Azure Active Directory（Microsoft Entra ID）による認証・認可が行われます。認証・認可を経たユーザーIDは、割り当てられたプランと権限に基づいたサービスにアクセスできるようになります。Power BIのほか、Microsoft 365 も Azure Active Directory（Microsoft Entra ID）による統合ID管理で管理されているため、異なるサービ

ス間でもシングルサインオンでシームレスに相互アクセスできます。サービスへのアクセスは、スマートフォン、タブレット、パソコンなど、どのデバイスでも共通したアクセス方法で提供されています（図2-1）。

▼図2-1　Power BIの利用環境

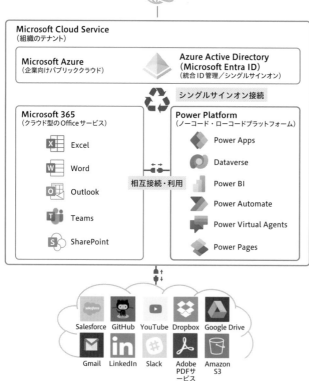

2-2 サインアップが必要なサービス

　本書で紹介するセルフサービスBI開発をすべて体験するには、「Microsoft 365開発者プログラム」にサインアップする必要があります。開発者プログラムとは、一定期間サービスを無料で利用できるライセンスのことです。試用期間中は提供されているサービスの機能をすべて試すことができます。

■ Microsoft 365開発者プログラム

　Microsoft 365開発者プログラムは、Microsoftのクラウド型Officeサービス（表計算ソフトのMicrosoft Excel、オンラインドキュメント共有のSharePointをはじめとしたサービス群）が提供する機能をすべて利用できます。本書で紹介するPower BIのセルフサービスBI開発においても、Excelのサンプルデータをアップロードし、Dataverseへ取り込んで利用するためにこの開発者プログラムを使用します。

■ Power BIライセンス

　Power BIライセンスには、無料版と有料版があります。この2つの違いは「レポートを他の人と共有できるか」がポイントとなります。そのため、組織内でレポートを共有したい場合は有料版のライセンス購入が必要となります。個人でレポートの作成と閲覧のみが目的の場合は、無料版でも十分に役立てることができます。

- 無料版：Power BI Desktopを利用し、レポートを作成・閲覧する
- 有料版：Power BI Serviceを利用し、レポートをクラウド上で他の人に共有する
- ライセンス費用：有料版を使う場合は、Power BI ProとPower BI Premiumの選択肢があります。また、Power BI Premiumのライセンスに関してはユーザー単位と容量の2種類あります。それぞれの違いに関しては、次のMicrosoft公式サイトを参照してください。

- 価格と製品の比較 | Microsoft Power BI
  URL https://powerbi.microsoft.com/ja-jp/pricing/

　本書では Microsoft 365 開発者プログラム（Microsoft 365 E5）に含まれる Power BI Pro を前提として進めます。

　Microsoft 365 開発者プログラムの試用期間中は Power BI Pro のライセンス費用は発生しません。このため、課金の心配をせずに利用し続けることができます。

2-3　Microsoft 365 開発者プログラムのサインアップ

　試用版ライセンスのサインアップおよびそれを利用したセルフサービス BI 開発では、職場で通常使用しているものとは異なるユーザー ID でサインインしたブラウザ、またはゲストモードのブラウザを利用してください。このように利用すれば、通常使用とセルフサービス BI 開発のブラウザを分離し、ID 競合による想定外の事象を回避できます。

　Microsoft 365 開発者プログラムの Web サイトにアクセスして ［Join now］ をクリックします（画面2-1）。

- Microsoft 365 開発者プログラムの Web サイト
  URL https://developer.microsoft.com/ja-jp/microsoft-365/dev-program

▼画面2-1

　次のアカウント情報を入力して❶、最後に［次へ］❷をクリックします（画面2-2）。

- 組織のメールアドレス
- パスワード

▼画面2-2

次に挙げる利用者情報を入力して［Next］❹をクリックします（画面2-3）。

- Country/Region（国または地域）❶
- Company（会社名）❷
- Language preference（言語の設定）❸

▼画面2-3

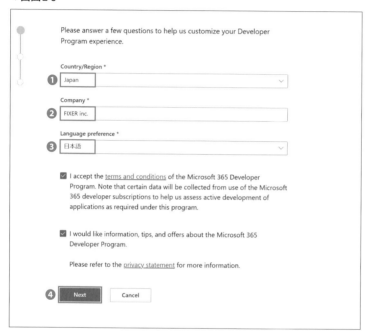

Microsoft 365開発者プログラムのアンケート画面が表示された場合は、任意の回答をして［次へ］をクリックします。本書執筆時点では、以下2つのアンケートが表示されます。

- What is your primary focus as a developer?（開発者としての主な焦点は何ですか？）
- What areas of Microsoft 365 development are you interested in?（Microsoft 365開発のどの分野に関心がありますか？）

すべての機能を試用できる［Instant sandbox］（インスタントサンドボックス）を選択し、［Next］をクリックします（画面2-4）。

▼画面2-4

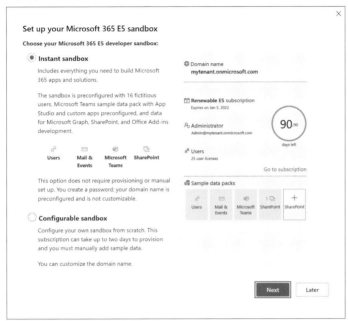

次に挙げる環境情報を入力して［Continue］❺をクリックします（画面2-5）。

- Country/region for your data center（データセンターの国／地域）：本書では「North America（United States - CA）」を選択 ❶
- Admin username（管理者のユーザー名）：任意の文字列 ❷
- Admin password（管理者のパスワード）：任意の文字列 ❸
  パスワードは15〜20文字で、アルファベットの大文字と小文字、数字、および「@ # $ % ^ & * - _ ! = [ ] { } | : 」の記号のうち1つ以上を含める必要があります。
- Confirm admin password（管理者のパスワード）：「Admin password」で入力した文字列を再入力 ❹

▼画面2-5

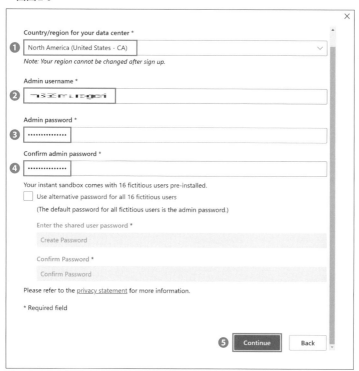

次に挙げているセキュリティ情報を入力して［Send Code］（コードを送信）❸をクリックし（画面2-6）、新たに表示されたダイアログで、送信されたコードの認証を行います。

- Country code（国コード）：Japan（+81）❶
- Phone number（電話番号）：SMS受信可能な電話番号 ❷
  9桁の電話番号の最初の1桁（通常は0［国内通話］）を除く、残りの8桁の数字を入力します。

認証完了後、［Set up］（設定）❹をクリックします（画面2-6）。

▼画面2-6

Add phone number for security

Please enter a valid cell phone number that supports SMS.

We'll text you a code that you can use to verify your identity.

❶ Country code
Japan (+81)

❷ Phone number

❸ Send Code

❹ Set up　Back

これでMicrosoft 365開発者プログラムのサインアップは完了し、画面2-7の
ような画面が表示されます。SMSコード認証後、この画面が表示されない場合
は、Ctrl＋Rキーを押すか、ブラウザの更新ボタン（C）をクリックしてページを
再読み込みしてみてください。

▼画面2-7

画面2-7の❶に表示されているユーザーID（メールアドレス）は、サインアップした試用環境の管理者権限を持っています。このユーザーID（メールアドレス）は、今後の各種サインアップや操作で使用するので、忘れないようにメモしておいてください。以降の各種サインアップでも利用します。

13ページで「組織のメールアドレス」を使ってサインインしましたが、以降本書で使うことはありません。以降の手順では「**Microsoft 365開発者プログラムのメールアドレスとパスワード**」を使って操作を進めるので間違えないようにしてください。

次回以降は、Microsoft 365のサインイン画面（**URL** https://www.office.com/）にアクセスすれば、クラウド型のOfficeサービスが利用できます。

2-4　二段階認証の使用を無効化する

ここまでの手順で「テナント」という専用の開発環境が作成され、同時に、Azure Active Directory（Microsoft Entra ID）が自動的にセットアップされます。

Azure Active Directory（Microsoft Entra ID）ではセキュリティ脅威に対する防御策として二段階認証の強制がデフォルトで設定されています。これによりセキュリティが確保できる半面、試用環境での開発検証時においても都度二段階認証が発生するため、不便に感じる方は二段階認証（Authenticator）を無効化することもできます。

本手順は任意ですが、本書では二段階認証を無効化した前提で手順を説明します。

Microsoft Azure portalにアクセスし、［サインイン］をクリックします（画面2-8）。

URL https://azure.microsoft.com/ja-jp/get-started/azure-portal

▼画面2-8

　次に挙げるアカウント情報をそれぞれ入力していき、最後に［サインイン］❹
をクリックします（画面2-9、画面2-10）。

- Microsoft 365 開発者プログラムでサインアップしたメールアドレス ❶
- パスワード ❸

▼画面2-9

▼画面2-10

　二段階認証の要求画面が表示されますが、[後で尋ねる]をクリックし、二段階認証設定をスキップします（画面2-11）。

▼画面2-11

［Microsoft Azureへようこそ］画面の［後で行う］をクリックし、スキップします（画面2-12）。

▼画面2-12

［Azure Active Directoryの管理］⇒［ビュー］をクリックします（画面2-13）。

▼画面2-13

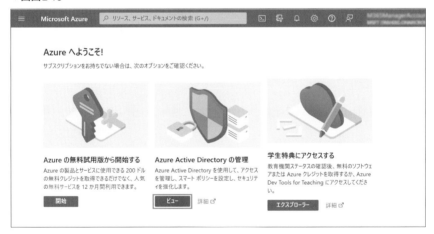

［プロパティ］⇒［セキュリティの既定値の管理］をクリックします（画面2-14）。

▼画面2-14

　[セキュリティの既定値群] を [無効] ❶に変更し、無効にする理由（本書の例では [サインイン情報の多要素認証チャレンジが多くなり過ぎる] ❷）を選択して [保存] ❸をクリックします（画面2-15）。

▼画面2-15

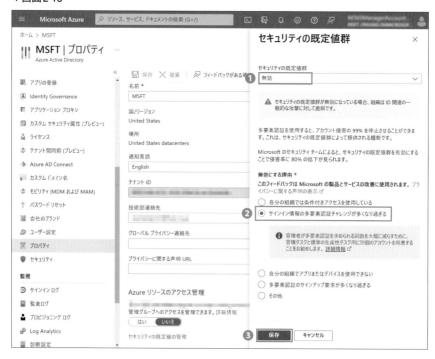

無効化の確認画面で［無効化］をクリックします（画面2-16）。

▼画面2-16

Azure Active Directoryの二段階認証設定の無効化が完了しました。次回以降のアクセスでは二段階認証の要求画面が表示されなくなります。

二段階認証設定を有効化するときは、本書の手順を参考に［無効］を［有効］に変更すれば設定を元に戻すことができます。

2-5 Power BI Desktopをセットアップする

ダウンロード

Power BI Desktopを実行するパソコンの要件を表2-1に示します。

▼表2-1　Power BI Desktopの最小ハードウェア要件

項目	要件
OS	Windows 8.1以降（macOSは対象外）
メモリ（RAM）	2GB以上使用可能、4GB以上を推奨
ディスプレイ	1440×900以上または1600×900（16：9）が必要

　要件の詳細やダウンロード手順は、以下のMicrosoftの公式サイトを参照してください。

• Power BI Desktopの取得（Microsoft Learn）
　URL https://learn.microsoft.com/ja-jp/power-bi/fundamentals/desktop-get-the-desktop

　Microsoft Storeからダウンロードする場合は、Microsoft Storeで「Power BI Desktop」❶と入力して検索し、検索結果から「Power BI Desktop」を選択します。［入手］❷をクリックしてダウンロードを開始します（画面2-17）。

▼画面2-17

ダウンロードが完了すると［入手］が［開く］に変わります（画面2-18）。［開く］をクリックして、Power BI Desktopを起動します。

▼画面2-18

サインイン

　ここからは、2-2節で紹介したMicrosoft 365開発者プログラムのメールアド
レスとパスワードでPower BI Desktopにサインインしてください。以降の手順で、
作成したレポートをクラウド上に発行・共有する際に必要となります。

　Power BI Desktop画面の右上にある［サインイン］❶をクリックしてから、
Microsoft 365開発者プログラムのメールアドレスを入力し❷、［続行］❸をクリッ
クします（画面2-19）。

▼画面2-19

使用しているパソコンで、すでに会社のMicrosoft 365アカウントでサ
インインしている場合は、［＋別のアカウントを使用する］で先に進みます。

　［職場または学校アカウント］❶を選択して［続行］❷をクリックします（画面
2-20）。

▼画面2-20

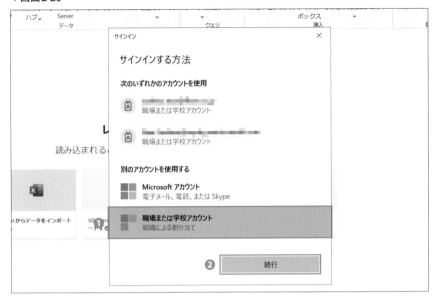

Microsoft 365開発者プログラムのメールアドレス❶を入力して［次へ］❷をクリックします（画面2-21）。

▼画面2-21

　Microsoft 365開発者プログラムのパスワード❶を入力して［サインイン］❷を
クリックします（画面2-22）。

▼画面2-22

　以上でPower BI Desktopのサインインの手順は完了です。

2-6 Power BI Serviceをセットアップする

　Power BI Desktopで作成したレポートを共有するためのPower BI Serviceの
ワークスペースを作成します。Power BI Serviceのワークスペースの詳細、管
理方法は、Chapter 6「レポートの管理、運用」で紹介しています。

　Microsoft 365のサインイン画面（**URL** https://www.office.com/）にアクセス
し、サインインのうえ、［アプリ起動ツール］アイコン（⠿）❶をクリックしてから、
［Microsoft 365アプリ起動ツール］⇒［Power BI］❷をクリックして起動します
（画面2-23）。もしくは、Power BI Service（**URL** https://app.powerbi.com/）に
アクセスして、ホーム画面を起動します。

▼画面2-23

ワークスペースの作成

　ワークスペースを作成するには、[ワークスペース] ❶⇒ [＋新しいワークスペース] ❷をクリックします (画面2-24)。

▼画面2-24

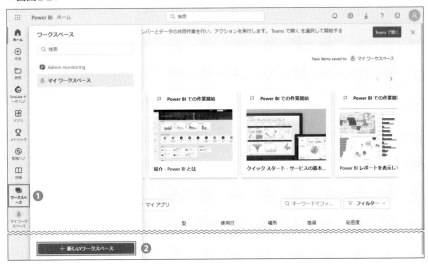

　ワークスペースの［名前］❶にワークスペース名、［説明］❷にワークスペースの用途などを入力して［適用］❸をクリックします（画面2-25）。

▼画面2-25

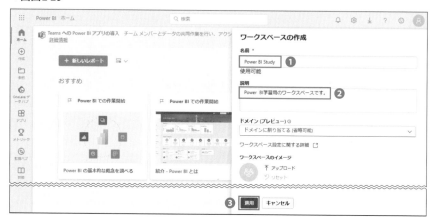

　これでワークスペースが作成されます（画面2-26）。

▼画面2-26

ワークスペースのアクセス管理

作成直後のワークスペースは作成した本人（管理者）しか閲覧すること
ができません。

管理者以外のユーザーをワークスペースにアクセスさせるには、Microsoft 365
のユーザーの作成、Power BI Pro ライセンスの付与、ワークスペースのロールを
割り当てる必要があります。

セルフサービスBI開発環境の準備としては必須ではありませんが、参考にワーク
スペースのロールを割り当てる方法を紹介します。

なお、ワークスペースのロールを割り当てるときのユーザーは、Microsoft 365
開発者プログラムにあらかじめ用意されているデモユーザー（テナントの初期
セットアップ時に含まれる Adele Vance アカウントを始めとするダミーアカウン
ト）をご利用ください。

ワークスペースのロールには、上位から順に「管理者」「メンバー」「共同作成者」
「ビューアー」の4つの権限があります（表2-2）。

▼表2-2　ワークスペースのロール

ユーザーの種類	権限
管理者	ワークスペースの更新や削除、管理者を含むすべてのユーザーの追加と削除などのすべての権限
メンバー	メンバー以下の権限を持つユーザーの追加、レポートやダッシュボードなどの共有
共同作成者	ワークスペースのレポートの公開と削除、レポートのコピー
ビューアー	レポートやダッシュボードの表示と操作

ユーザーにワークスペースのロールを付与するには［アクセスの管理］をクリッ
クします（画面2-27）。

このとき、メニューバーの項目は、ウィンドウのサイズによって切り詰められて
画面2-27のように［…］と表示されることがあります。その場合は、ウィンドウの
横幅を広げれば［アクセスの管理］という項目が表示されます。隠れている項目
にアクセスするには、［…］をクリックしてメニューを表示させます。

Chapter 2

▼画面2-27

ユーザーの名前またはメールアドレスを入力し❶、ロール❷を選択して［追加］
❸をクリックします（画面2-28）。

▼画面2-28

ワークスペースのロールの詳細は、以下のMicrosoftの公式サイトを参照してく
ださい。

- Power BIのワークスペースのロール（Microsoft Learn）
  URL https://learn.microsoft.com/ja-jp/power-bi/collaborate-share/
  service-roles-new-workspaces

2-7 Dataverseをセットアップする

　Power BIと親和性が高いPower Platform標準のデータ保存領域である
Dataverseをセットアップします。以下の手順を実施することで、Appendix 1
「Dataverseを活用しよう」を体験することができます。

Power Appsメーカーポータル（**URL** https://make.powerapps.com/）にアクセスし、［テーブル］❶⇒［データベースを作成する］❷をクリックします（画面2-29）。

▼画面2-29

データベースの情報を入力します。［通貨］は［JPY］❶、［言語］は［日本語（日本）］❷を選択して［自分のデータベースを作成］❸をクリックします（画面2-30）。

▼画面2-30

数分後、Dataverseのセットアップが完了し、画面上にサンプルデータのテーブルが表示されます（画面2-31）。

▼画面2-31

以上で、セルフサービスBI開発環境の準備は完了です。サインアップしたユーザーIDを使用して、Power BIのセルフサービスBI開発を進めていきましょう。

Power BIの基本

このChapterではセルフサービスBIを実現するPower BIでのBI開発の基本的な流れを説明します。

3-1 セルフサービスBI開発の基本的な流れ

　Power BIでは、真っ白なキャンバスに「ビジュアル」と呼ばれる図表のようなものを追加していくことでレポートを作成します（図3-1）。ビジュアルに読み込んだデータを適用することで簡単に図表を作成し、データの視覚化を行うことができます。

▼図3-1　レポート作成のイメージ

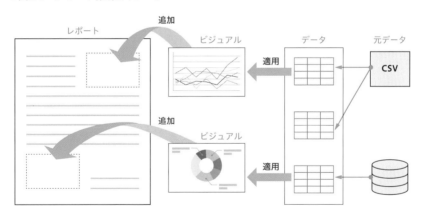

　しかし、読み込んだ元データのデータの持ち方（データ構造）によっては、想定していたレポートが作れなかったり、データを読み込んでから表示するまでに時間がかかったりすることがあります。このため開発に手戻りが発生し、追加コストがかかってしまいます。これを防ぐには、どのような内容をレポートとして表示するのかをある程度想定してから、データの収集やデータモデリングの工程に

移っていきましょう。

　ただ、最初からレポートの内容を完璧にイメージするのは困難です。さらに、データモデルの作成の時点で思考が停止してしまうので、ここでは参考程度に考えてください。基本的には、そのレポートで伝えたいメインの内容（営業成績、売上など）さえ決まっていたら、後ほど紹介する「スタースキーマ」という手法でデータモデリングを進めることで、さまざまなデータ表示に対応できます。あとからデータを変更したり、増やしたくなった場合でも、ビジュアルとデータのつなぎ直しは簡単に行えます。

　図3-2は、Power BIでのセルフサービスBI開発の基本的な流れを示しています。Power BIによる作業の一連の流れが記載されていますので、この図のイメージを頭に入れておいていただくとよいと思います。

　次節からは、データモデリングについて説明していきます。

▼図3-2 セルフサービスBI開発の基本的な流れ

①
レポートに表示したい
内容を考える

例

- 売上を一目でわかるように表示したい
- 部署ごと、製品ごと、期ごとの切り口で表示・分析をしたい
- データは1週間に一度更新され、最新のものを表示したい

②
レポートに関連する
元データを収集する

- どのような種類のデータが必要か
  売上データ（金額、売上日 など）
  部署データ（部署名、上位組織 など）
  製品データ（製品名、カテゴリ など）
- そのデータはどこから収集することができるのか
  既存のExcelのマスター
  労務管理システムからCSV出力
  売上管理システムのデータベースに直接アクセス

③
データモデルを作成する
- データの正規化
- データクレンジング
- データのインポート
- リレーションシップの
  設定

- 1つの表ですべてのデータ管理すると、想定していたグラフが作れなかったり、冗長なデータが増え性能面の悪影響や、データ変更時の運用管理負荷が高くなるため、データモデリング時にデータ構造を分解および最適化する

- データをクレンジングする
  ➡重複削除、表記ゆれをなくすなど
- 構造化したデータをBIシステムにインポートする
- リレーションシップを設定し、テーブル間の関係を定義する

④
ビジュアルを使って
視覚化する

- レポートにビジュアルを追加しデータを割り当てる（グラフの作成）
- プロパティから表示設定を工夫し、レポートを作成する

折れ線グラフで売上を　　ドーナツグラフで製品　　壁紙の変更やテキストの
時系列で表示する　　　　ごとの売上を表示する　　追加で見栄えを良くする

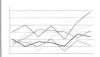

⑤
オプション
- レポートの共有
- データの更新頻度を
  考える

- Power BI Desktopから「発行」を行い、レポートを他の人に共有する
- レポートに求めるリアルタイム性を検討し、データの更新頻度を決定する
  ➡元データが週1回更新されるので、週1回出力して更新する
  ➡日々の売上データを反映したいので、データベースに接続してリアルタイム更新する

⑥
オプション
- データモデルを修正する
- DAXを使用してデータ
  モデルを補う

- 実際にレポートを作ってから、必要な情報が得られているか検証する
  「売上額だけでなく売れた製品の個数も表示したい」
  「売上だけでなく費用も表示したい」
  ➡❷に戻って再度❹まで進め、データモデルを修正する
- 「累積売上額を表示したい」「売上の平均値を表示したい」という要望には
  DAX関数を使って、データモデルを補う
  ➡❸で作ったデータモデルのデータをもとに、新しいデータソースを作成する

Chapter 3

3-2 データモデリング

データモデリングとは

　前節で、読み込んだ元データのデータの構造によっては、想定していたレポートが作れないことがあるという説明をしました。収集したデータから、視覚化しやすい形にデータ構造を設計していく行為を「データモデリング」と言います。また、データモデリングが行われたデータや、それらの関係を示す設計図を「データモデル」と呼びます。

データクレンジングの重要性

　本書ではデータモデリングの工程の一部として説明していますが、「データクレンジング」と呼ばれる、データをきれいにする工程もあります。たとえば、完全に同じデータが重複していたら二重に集計されてしまいます。さらに、同じ単語でも大文字・小文字の混在、全角・半角の混在、スペースの有無など、さまざまな要因によって違うデータと認識されて集計されてしまう可能性があります。データクレンジングの目的は、データを分析する際に正しく集計できるようにデータの中身をきれいにすることです。

　BIの開発を含め、どのような分野・業界においても市場調査やビジネス分析を行う際には、「正しい」データを準備することが重要です。この準備にかかる工数は、全体の8割を占めているといってもよいほどです。さらに、データモデリングがうまくできていないと、表示したかった形式でデータを表示できなかったり、データが更新されたときの置換に時間がかかったりします。その対応のために、開発・運用などの段階で大きな手戻りが発生するケースも考えられます。また、十分にデータクレンジングができておらず、データが汚かったり、間違っていたりしたらそのレポートの信頼性はなくなってしまいます。このようにデータモデリングやデータクレンジングはセルフサービスBI開発の中でとても重要です。

Power BIによるデータモデリングの2つの方法

Power BIでデータモデリングをするには、次の2つの方法があります。

- Power BIに元のデータを取り込んでからPower Queryでモデリングする方法
- あらかじめデータモデリングを行ったデータソースをPower BIに取り込む方法

前者の方法では、元データをPower BIに取り込んでからPower BI上でデータを加工するので、データが更新されたときも、出力されたデータを取り込むだけで更新可能です。ただし、Power BI上で元データを加工するロジックをPower Queryで構築しなければならないため、一定の準備と慣れが必要です。

後者の方法は、データの加工を手元のExcelなどで行うため、直感的でわかりやすいというメリットがあります。その代わり、何度もデータソースがアップデートされると都度データ加工を自分で行わなければならなくなります。データの更新頻度が高いものやレポートに即時性を求める場合は前者の方法を利用してください。

本書では、直感的なわかりやすさと、Power BIに慣れることを優先するため、後者をメインに解説します。Power Queryでモデリングする方法については、本節の最後の「Power Queryを使ったデータモデリング」（63ページ）を参考にしてください。

データモデリングの考え方

まずは、データモデリングの考え方について簡単に説明します。

以下のように、Excelで管理している社員名簿があったとします（表3-1）。

▼表3-1　社員名簿の例

社員ID	名前	部署ID	部署名
Employee-1	青井	Department-1	開発
Employee-2	荒井	Department-1	開発
Employee-3	佐藤	Department-1	開発
Employee-4	末久	Department-2	営業
Employee-5	萩原	Department-2	営業

　この社員名簿の全体のことを「テーブル」と呼びます。このテーブルでは、「社員ID」ごとに1行を使って、社員に関する情報を管理しています。

　テーブルを縦に切ったときの「社員ID」「名前」などをそれぞれ「列」と呼びます。テーブルを横に切ったときの1行を「レコード」と呼びます（図3-3）。

▼図3-3　テーブルとレコード

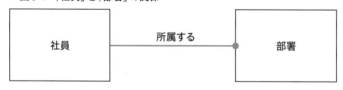

社員ID	名前	部署ID	部署名
Employee-1	青井	Department-1	開発
Employee-2	荒井	Department-1	開発
Employee-3	佐藤	Department-1	開発
Employee-4	末久	Department-2	営業
Employee-5	萩原	Department-2	営業

テーブル ：表全体
列　　　 ：テーブルを縦に切ったときのそれぞれの並び
レコード ：テーブルを横に切ったときのそれぞれの並び

　今回は社員名簿を「社員」と「部署」という要素に注目して整理してみます（図3-4）。

▼図3-4　「社員」と「部署」の関係

社員	所属する	部署

　各社員はどこかの部署に所属しています。それぞれの要素に関連が深い列を整理してみます。このとき、注目した要素を「エンティティ」と呼び、エンティティが持っている情報を「属性」と呼びます（表3-2）。

▼表3-2　エンティティと属性

エンティティ	属性
社員	社員ID、名前
部署	部署ID、部署名

エンティティと属性の関係を図にしてみると、図3-5のようになります。

▼図3-5　図3-4にエンティティと属性を追加

各エンティティの整理ができたので、次にエンティティ間の関係について考えます。「社員」は「部署に所属する」という関係があります。

ここで、社員と部署の関係についてそれぞれの視点から見てみます。ある社員に注目したとき、その社員が所属する部署は1つだけです。一方で、ある部署に注目したとき、その部署には多数の社員が所属している可能性があります。このような関係を「カーディナリティ」と呼び、「1：多」や「1：N」の関係があると表現します。先ほど整理したとおり、社員から見ると所属する部署は1つに定まるので、「社員」の属性として「部署ID」を持つようにします（図3-6）。

▼図3-6　図3-5の「社員」に部署IDを追加

このように、別のエンティティとの関係を表現するために別のエンティティの属性を持つことを「リレーションシップ（リレーション）」と呼びます。

エンティティごとにテーブルを作成して図3-6の構造を表すと、表3-3、表3-4のようになります。

▼表3-3　社員名簿の例

社員ID	名前	部署ID
Employee-1	青井	Department-1
Employee-2	荒井	Department-1
Employee-3	佐藤	Department-1
Employee-4	末久	Department-2
Employee-5	萩原	Department-2

▼表3-4　社員名簿から部署名の情報を切り出す

部署ID	部署名
Department-1	開発
Department-2	営業

　このようにテーブルを分割し、レコード内で"実質的に重複する"情報をなくすことを「正規化」と呼びます。

　分割したテーブルを「部署ID」に注目して線でつなぐと図3-7のようになります。

▼図3-7　テーブル形式のデータの要素

社員ID	名前	部署ID
Employee-1	青井	Department-1
Employee-2	荒井	Department-1
Employee-3	佐藤	Department-1
Employee-4	末久	Department-2
Employee-5	萩原	Department-2

部署ID	部署名
Department-1	開発
Department-2	営業

　エンティティ間の関係を表す図として「ER図」（Entity Relationship Diagram）を用いることがあります。エンティティ間の関係を表す線に装飾を施すことで、どこが「1：多」や「多：多」の関係になっているのかが直感的にわかるようになっています（表3-5）。Power BIでは、モデルビュー画面からER図を作成することができます。

▼表3-5　カーディナリティの表記法（ER図）

記号	意味
○	ゼロ
|	1
←	多

カーディナリティを表す記号は、組み合わせて使うことができます。「ゼロ以上」を表すには ─○─< を使い、「1以上」を表すには ─|─< を使います。

今回の社員と部署の関係で言えば、社員が属する部署は1つだとすると、部署と社員の関係は「1：多」になります（図3-8）。現実世界では社員がゼロ人の部署は考えられませんが、システム上はあり得るため、社員がいない場合も考慮して「1：0〜多」の関係としています。

▼図3-8　ER図で1：多を表現

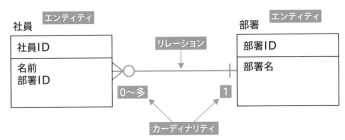

データモデリングのメリット

分割されたテーブルはリレーションをもとに、分割前の1つのテーブルに戻すことができます。1つのテーブルに結合できるのなら、なぜわざわざ分割したのでしょうか。メリットはさまざまありますが、ここではそのうちの1つである「重複の排除」について確認してみましょう。

「開発部門の名前をdevelopment部門に変更する」という状況が発生したとします。整理前のテーブルでは開発部門に所属するすべての社員の行を変更する必要があります（表3-6）。

▼表3-6　整理前：3行の変更が発生

社員ID	名前	部署ID	部署名
Employee-1	青井	Department-1	development
Employee-2	荒井	Department-1	development
Employee-3	佐藤	Department-1	development
Employee-4	末久	Department-2	営業
Employee-5	萩原	Department-2	営業

　一方、整理後のテーブルでは変更が必要なのは1行だけです（表3-7、表3-8）。

▼表3-7　整理後：こちらは変更なし

社員ID	名前	部署ID
Employee-1	青井	Department-1
Employee-2	荒井	Department-1
Employee-3	佐藤	Department-1
Employee-4	末久	Department-2
Employee-5	萩原	Department-2

▼表3-8　整理後：1行の変更で済む

部署ID	部署名
Department-1	development
Department-2	営業

　また、整理前のテーブルでは変更に漏れがあった場合に矛盾した状態になる可能性があります（表3-9）。

▼表3-9　整理前：変更漏れ

社員ID	名前	部署ID	部署名
Employee-1	青井	Department-1	development
Employee-2	荒井	Department-1	開発　←修正漏れが発生
Employee-3	佐藤	Department-1	development
Employee-4	末久	Department-2	営業
Employee-5	萩原	Department-2	営業

　整理後のテーブルではこのような間違いは起こりようがありません。このように、データモデリングを行うことで、データを扱うときに注意しなければいけないことが減り、自然と効率的なデータの管理・活用ができるようになります。

＊　　＊　　＊

　これまでで、データモデリングの基本的な考え方について説明しました。

　データモデリングにはさまざまな手法があります。どのような手法でも基本的な考え方や正規化する手順は同じですが、どのような構造・階層にしていくかについては、さまざまな手法や考え方があり、用途によって最適な手法も異なります。

　Power BIではスタースキーマというモデリング手法が推奨されています。次項では、スタースキーマについて詳しく説明します。

スタースキーマとは

　これまでのところで、データモデリングの基本的な考え方と流れについて説明してきました。ここからは、スタースキーマというモデリング手法について、具体的に手順を追いつつ説明していきます。スタースキーマは代表的なモデリング手法の1つで、データ構造がシンプルで、検索や集計処理が速いという特徴があります。

　また、データ分析やレポート作成がしやすいため、Power BIではスタースキーマでのモデリングが推奨されています。

　スタースキーマは、最終的にデータモデルが星の形になるように正規化を行っていくことが大きな特徴になります（図3-9）。

▼図3-9　スタースキーマ

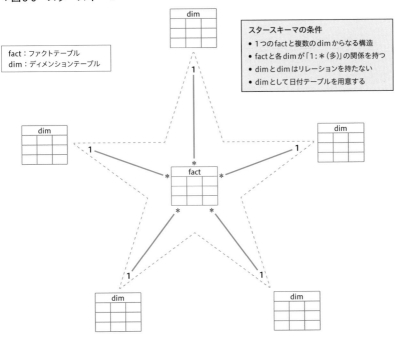

fact：ファクトテーブル
dim：ディメンションテーブル

スタースキーマの条件
● 1つのfactと複数のdimからなる構造
● factと各dimが「1：＊（多）」の関係を持つ
● dimとdimはリレーションを持たない
● dimとして日付テーブルを用意する

　スタースキーマは、「ファクトテーブル」「ディメンションテーブル」「リレーション」の3つで構成されています。それぞれの具体的な説明は以降で行っていきま

すが、スタースキーマではどのようにモデリングを行っていくのかの全体像をつかんでおきましょう。

スタースキーマでのモデリングの要件

スタースキーマでモデリングを行うときの要件は以下のとおりです。

◉ **1つのファクトテーブルと、複数のディメンションテーブルからなる構成である**
 ➡ 複数に分割したテーブルをファクトテーブルとディメンションテーブルという2種類に大別します。
◉ **各ディメンションテーブルとファクトテーブルが「1：多」の関係を持つ**
 ➡ 1つの部署に所属する社員が複数いたように、それぞれが1つのディメンションに属するファクトが複数存在するような「1：多」のリレーションを持つ。
◉ **ディメンションテーブルとディメンションテーブルはリレーションを持たない**
 ➡ ディメンションテーブルはそれぞれファクトテーブルに対して紐づく。ディメンションテーブルにディメンションテーブルが紐づくような2階層以上の構造にはならない。
◉ **ディメンションテーブルとして「日付テーブル」を用意する**
 ➡ ファクトテーブルが時系列データの場合、ディメンションテーブルとしてファクトの日付をすべて含む「日付の一覧（日付テーブル）」が必要となる。

　これらの要件のいくつかは、想像が難しい部分もあると思います。以降では、ファクトテーブル、ディメンションテーブル、リレーションそれぞれについて具体的に説明していきます。モデリングを行っていく中で、スタースキーマになっているか、条件を満たしているかは改めて、実際に手を動かしながら確認していきましょう。

ファクトテーブルとディメンションテーブル

　スタースキーマには、ファクトテーブルとディメンションテーブルという2つのテーブルが存在しています。
　「ファクトテーブル」とは、事実に関連する数値データや計量データなどが含ま

れるテーブルです。「売上」列、「日付」列など、数値データや計量データなどが含まれます。

「ディメンションテーブル」とは、分析・分類の切り口として使われるテーブルです。どこと取り引きして「売上」があったのかに関して、「どこ」に関する情報を「取引先情報」を持つテーブルで補います。また、どの製品が売れたのかに関しては、「製品情報」を持つテーブルで補います。

例として、ある契約管理システムからデータを出力して、実際にスタースキーマでモデリングを行ってみましょう。本書のサポートページに、出力した契約データ（SampleData_Chapter3_元データ）と、モデリング後のデータ（SampleData_Chapter3）のサンプルを用意してあります。ご自身で実際にモデリングを行う場合は「SampleData_Chapter3_元データ」をお使いください。

契約管理システムから契約データを出力したところ、次のようなデータが得られました（表3-10）。

▼表3-10　契約管理システムの契約データ

契約ID	契約名称	取引先名	製品名	カテゴリ	契約金額	契約締結日
contract-001	4Y2プロジェクト	J3D8株式会社	戦略コンサルティング	コンサルティングサービス	74000000	2023/9/19
contract-002	6Y3プロジェクト	W7K1株式会社	戦略コンサルティング	コンサルティングサービス	71000000	2023/12/13
contract-003	5S3プロジェクト	I9S1株式会社	業務コンサルティング	コンサルティングサービス	27650000	2023/7/31
contract-004	7G1プロジェクト	J3D8株式会社	ITコンサルティング	コンサルティングサービス	72000000	2023/8/12
contract-005	9R2プロジェクト	X4QW株式会社	カスタマーサポート	サービス	1260000	2023/12/23
contract-006	6N8プロジェクト	Q4Y9株式会社	運用保守代行サービス	サービス	335000	2023/7/1
contract-007	01Eプロジェクト	W7K1株式会社	運用保守代行サービス	サービス	130000	2023/10/10
contract-008	8L0プロジェクト	FZ7C株式会社	ライセンス販売	ソフトウェア	230000	2023/6/13
contract-009	8N6プロジェクト	K5E9株式会社	ライセンス販売	ソフトウェア	190000	2023/11/24
contract-010	GBMプロジェクト	I9S1株式会社	ライセンス販売	ソフトウェア	150000	2023/6/13
contract-011	LRKプロジェクト	I9S1株式会社	パッケージ販売	ソフトウェア	9000000	2023/11/6

出力した元データを正規化し、ファクトテーブルとディメンションテーブルに分割します。このデータの中には大きく分けて、「契約」「取引先」「製品」の3種類に関わる情報があります（表3-11）。

▼表3-11　データを「契約」「取引先」「製品」の3つに分類

契約ID	契約名称	契約金額	契約締結日	取引先名	製品名	カテゴリ
contract-001	4Y2プロジェクト	74000000	2023/9/19	J3D8株式会社	戦略コンサルティング	コンサルティングサービス
contract-002	6Y3プロジェクト	71000000	2023/12/13	W7K1株式会社	戦略コンサルティング	コンサルティングサービス
contract-003	5S3プロジェクト	27650000	2023/7/31	I9S1株式会社	業務コンサルティング	コンサルティングサービス
contract-004	7G1プロジェクト	72000000	2023/8/12	J3D8株式会社	ITコンサルティング	コンサルティングサービス
contract-005	9R2プロジェクト	1260000	2023/12/23	X4QW株式会社	カスタマーサポート	サービス
contract-006	6N8プロジェクト	335000	2023/7/1	Q4Y9株式会社	運用保守代行サービス	サービス
contract-007	01Eプロジェクト	130000	2023/10/10	W7K1株式会社	運用保守代行サービス	サービス
contract-008	8L0プロジェクト	230000	2023/6/13	FZ7C株式会社	ライセンス販売	ソフトウェア
contract-009	8N6プロジェクト	190000	2023/11/24	K5E9株式会社	ライセンス販売	ソフトウェア
contract-010	GBMプロジェクト	150000	2023/6/13	I9S1株式会社	ライセンス販売	ソフトウェア
contract-011	LRKプロジェクト	9000000	2023/11/6	I9S1株式会社	パッケージ販売	ソフトウェア

契約　　　　　　　　　　　取引先　　　　製品

　表3-11の中身を見るとわかるように、「契約」ごとにIDが割り振られており重複がないことから、契約管理システムでは契約ごとにレコードが作成されていることがわかります。このとき、「製品」や「取引先」には複数のレコードで重複があることも確認しておいてください。

　これらの情報から、最終的にどのような形式でレポートを作成するかを考えます。ここでは、契約金額の合計を製品ごと、取引先ごとの切り口で分析できるようにモデリングを行うことにします。今回のケースでは、契約金額の値を持つ「契約テーブル」がファクトテーブル、分析の切り口となる「取引先テーブル」「製品テーブル」の2つがディメンションテーブルに該当します。

　では、ディメンションテーブルを作成してみましょう。ここで作成するディメンションテーブルはマスタのようなものなので、重複するレコードを削除し❶、IDを付与して❷、「取引先マスタ」「製品マスタ」として切り出します（表3-12）。

▼表3-12 ディメンションテーブルの作成

❶重複の削除 ［　］は重複を表す

契約ID	取引先ID	取引先名	製品ID	製品名	カテゴリ
contract-001	client-001	J3D8株式会社	product-001	戦略コンサルティング	コンサルティングサービス
contract-002	client-002	W7K1株式会社		戦略コンサルティング	コンサルティングサービス
contract-003	client-003	I9S1株式会社	product-002	業務コンサルティング	コンサルティングサービス
contract-004		J3D8株式会社	product-003	ITコンサルティング	コンサルティングサービス
contract-005	client-004	X4QW株式会社	product-004	カスタマーサポート	サービス
contract-006	client-005	Q4Y9株式会社	product-005	運用保守代行サービス	サービス
contract-007		W7K1株式会社		運用保守代行サービス	サービス
contract-008	client-006	FZ7C株式会社	product-006	ライセンス販売	ソフトウェア
contract-009	client-007	K5E9株式会社		ライセンス販売	ソフトウェア
contract-010		I9S1株式会社		ライセンス販売	ソフトウェア
contract-011		I9S1株式会社	product-007	パッケージ販売	ソフトウェア

❷IDを付与

ディメンション：取引先マスタ

取引先ID	取引先名
client-001	J3D8株式会社
client-002	W7K1株式会社
client-003	I9S1株式会社
client-004	X4QW株式会社
client-005	Q4Y9株式会社
client-006	FZ7C株式会社
client-007	K5E9株式会社

ディメンション：製品マスタ

製品ID	製品名	カテゴリ
product-001	戦略コンサルティング	コンサルティングサービス
product-002	業務コンサルティング	コンサルティングサービス
product-003	ITコンサルティング	コンサルティングサービス
product-004	カスタマーサポート	サービス
product-005	運用保守代行サービス	サービス
product-006	ライセンス販売	ソフトウェア
product-007	パッケージ販売	ソフトウェア

次にファクトテーブルを作成します。

本来、元データの1レコード目「contract-001」の「取引先名」は「J3D8株式会社」、「製品名」は「戦略コンサルティング」でした。ディメンションテーブルを切り分けてしまったので、このままでは契約の情報から、その契約をどの取引先と結んでいるのかわかりません。

そこで、「契約テーブル」に「取引先ID」列と「製品ID」列を作成します（表3-13）。

▼表3-13　ファクトテーブルの作成

IDを付与

契約ID	契約名称	契約金額	契約締結日	取引先ID	製品ID
contract-001	4Y2 プロジェクト	74000000	2023/9/19	client-001	product-001
contract-002	6Y3 プロジェクト	71000000	2023/12/13		
contract-003	5S3 プロジェクト	27650000	2023/7/31		
contract-004	7G1 プロジェクト	72000000	2023/8/12		
contract-005	9R2 プロジェクト	1260000	2023/12/23		
contract-006	6N8 プロジェクト	335000	2023/7/1		
contract-007	01E プロジェクト	130000	2023/10/10		
contract-008	8L0 プロジェクト	230000	2023/6/13		
contract-009	8N6 プロジェクト	190000	2023/11/24		
contract-010	GBM プロジェクト	150000	2023/6/13		
contract-011	LRK プロジェクト	9000000	2023/11/6		

取引先ID	取引先名
client-001	J3D8 株式会社
client-002	W7K1 株式会社
client-003	I9S1 株式会社
client-004	X4QW 株式会社
client-005	Q4Y9 株式会社
client-006	FZ7C 株式会社
client-007	K5E9 株式会社

製品ID	製品名	カテゴリ
product-001	戦略コンサルティング	コンサルティングサービス
product-002	業務コンサルティング	コンサルティングサービス
product-003	IT コンサルティング	コンサルティングサービス
product-004	カスタマーサポート	サービス
product-005	運用保守代行サービス	サービス
product-006	ライセンス販売	ソフトウェア
product-007	パッケージ販売	ソフトウェア

　これで「契約テーブル」の1レコード目の「取引先ID」を見ると「client-001」であることがわかり、「取引先マスタ」の「取引先ID」を見ると「client-001」は「J3D8 株式会社」であることがわかります（表3-14）。

▼表3-14　完成したファクトテーブル：契約テーブル

契約ID	契約名称	契約金額	契約締結日	取引先ID	製品ID
contract-001	4Y2 プロジェクト	74000000	2023/9/19	client-001	product-001
contract-002	6Y3 プロジェクト	71000000	2023/12/13	client-002	product-001
contract-003	5S3 プロジェクト	27650000	2023/7/31	client-003	product-002
contract-004	7G1 プロジェクト	72000000	2023/8/12	client-001	product-003
contract-005	9R2 プロジェクト	1260000	2023/12/23	client-004	product-004
contract-006	6N8 プロジェクト	335000	2023/7/1	client-005	product-005
contract-007	01E プロジェクト	130000	2023/10/10	client-002	product-005
contract-008	8L0 プロジェクト	230000	2023/6/13	client-006	product-006
contract-009	8N6 プロジェクト	190000	2023/11/24	client-007	product-006
contract-010	GBM プロジェクト	150000	2023/6/13	client-003	product-006
contract-011	LRK プロジェクト	9000000	2023/11/6	client-003	product-007

テーブル構造の設計が終わったので、テーブル間の関係を確認します。

「1つの製品（製品ID）に対して、複数の契約（製品ID）がある」また「1つの取引先（取引先ID）に対して複数の契約（取引先ID）」があることが確認できます（表3-15）。つまり「製品：契約＝1：多」「取引先：契約＝1：多」なので、「ディメンション：ファクト＝1：多」というスタースキーマの要件を満たしています。

▼表3-15　テーブルの関係を確認

契約ID	契約名称	契約金額	契約締結日	取引先ID	製品ID
contract-001	4Y2 プロジェクト	74000000	2023/9/19	client-001	product-001
contract-002	6Y3 プロジェクト	71000000	2023/12/13	client-002	product-001
contract-003	5S3 プロジェクト	27650000	2023/7/31	client-003	product-002
contract-004	7G1 プロジェクト	72000000	2023/8/12	client-001	product-003
contract-005	9R2 プロジェクト	1260000	2023/12/23	client-004	product-004
contract-006	6N8 プロジェクト	335000	2023/7/1	client-005	product-005
contract-007	01E プロジェクト	130000	2023/10/10	client-002	product-005
contract-008	8L0 プロジェクト	230000	2023/6/13	client-006	product-006
contract-009	8N6 プロジェクト	190000	2023/11/24	client-007	product-006
contract-010	GBM プロジェクト	150000	2023/6/13	client-003	product-006
contract-011	LRK プロジェクト	9000000	2023/11/6	client-003	product-007

Power BI Desktopに読み込むため、Excelで作成した「契約テーブル」「取引先マスタ」「製品マスタ」はテーブル化して1つのExcelファイルに保存しておきます。

Power BIにExcelデータをインポートする際、シート全体をインポートすると、テーブル以外の情報もインポートしてしまうため、Excelのテーブル機能を使うほうが正確です。Excel上でデータ範囲を選択し、［挿入］⇒［テーブル］の順に選択することでテーブルを作成することが可能です。

データのインポート

これまでの部分で、スタースキーマについて理解し、ファクトテーブルとディメンションテーブルを作成しました。リレーションシップの説明に入る前にデータをインポートする必要があります。続いて、以下の手順に従って、先ほどデー

タモデリングしたExcelデータをPower BI Desktopにインポートしてみましょう。なお、サンプルデータ（SampleData_Chapter3）を利用する場合は、本書のサポートページから事前にダウンロードしておいてください。

> Power BI Desktopの画面構成については、「Power BI Desktopの画面構成」（76ページ）で説明しています。

データのインポート手順

Power BI Desktopを開き、［ホーム］タブ❶の［データを取得］❷をクリックします（画面3-1）。

▼画面3-1

データソースの一覧が表示されます（画面3-2）。Power BIは、Excelだけでなくさまざまなデータベースとシームレスに接続できますが、ここでは、［Excelブック］❶⇒［接続］❷の順にクリックしてExcelブックを選択し、Excelデータをインポートします。

▼画面3-2

これでExcelファイル内にあるシートとテーブルがすべて表示されます（画面 3-3）。続いて、「契約テーブル」「取引先マスタ」「製品マスタ」❶を選択し、［読み込み］❷をクリックします。

▼画面3-3

右側の［データ］ペインに、先ほど読み込んだデータが表示されます（画面 3-4）。これでテーブルをインポートすることができました。

▼画面3-4

リレーションシップ

　リレーションシップ（リレーション）とは、41ページで説明したように、テーブル間の関係を表現するものでした。Power BI Desktopではインポートしたデータに対して、モデルビュー画面からリレーションを設定できます。ここでは、Power BI Desktopで実際にリレーションを作成します。

　スタースキーマでは、各ディメンションテーブルとファクトテーブルが「1：多」の関係になるように設計するという方針があるので、これまで行ったように、正規化する段階でそのような構造に設計したうえで、リレーションを作成します。スタースキーマとしてテーブル構造を設計したので、すべて「ディメンション：ファクト＝1：多」の関係になっているはずです。

　データを追加した状態で、左側のペインから、［モデルビュー］をクリックします（画面3-5）。

▼画面3-5

モデルビュー画面が表示されます（画面3-6）。先ほど読み込んだテーブル（「契約テーブル」「取引先マスタ」「製品マスタ」）がすべて表示されているはずです。

▼画面3-6

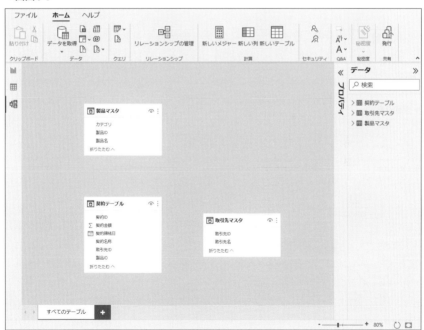

正しく正規化ができている場合、Power BIがテーブル構造を認識し、データをインポートした段階で自動でリレーションが作成されている場合があります（画面3-7）。以下ではリレーションを作成する手順を示しますので、作業しながら読み進めたい場合は、ここで各リレーションを右クリックし、[削除]を選択してください。

▼画面3-7

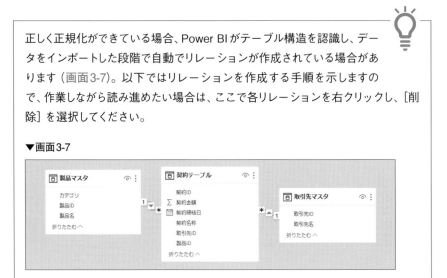

「取引先マスタ」の「取引先ID」列を、「契約テーブル」の「取引先ID」列にドラッグ＆ドロップします。これで列が紐づけられ、リレーションが作成されます（画面3-8）。

▼画面3-8

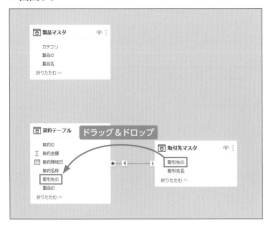

リレーションの内容を確認します。テーブルが結ばれている線を右クリックし

❶、[プロパティ] ❷を選択します (画面3-9)。

▼画面3-9

　リレーションの編集画面が表示されます (画面3-10)。リレーションは2つの
テーブルに設定するものなので、上部には関連する2つのテーブルが表示され
ています。また、グレーの網掛け❶で、どの列とどの列のリレーションを結んで
いるのかを表現しています。[カーディナリティ]❷はテーブル間の関係のことで
「1:1」「1:多」などの選択肢が表示されています。「:」の左側が上のテーブル
を表し、右側が下のテーブルを表しています。ここでは上が「取引先マスタ」、下
が「契約テーブル」なので、「1:多」が正しいです。逆に、上に「契約テーブル」、
下に「取引先マスタ」の場合のカーディナリティは「多:1」となります。
　[クロスフィルターの方向]❸は、[カーディナリティ]が「1:多」の場合は[単
一]か[双方向]が選択できます。[単一]の場合は、「ディメンション側をフィル
ターしたらファクトはフィルターされるが、逆はされない」ということを意味して
います。また[双方向]の場合は、「どちらのテーブルをフィルターしても互いに
フィルターされる」ということを意味しています。[双方向]はパフォーマンスの
低下や不具合の原因にもなるので、「1:多」のスタースキーマでは基本的に[単
一]を利用しましょう。

▼画面3-10

同様に、「製品マスタ」の「製品ID」列を「契約テーブル」の「製品ID」列にドラッグ＆ドロップして、リレーションを作成します（画面3-11）。

▼画面3-11

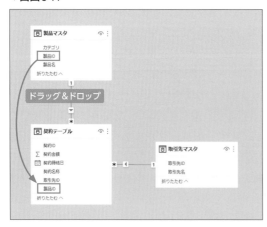

スタースキーマの一部が完成しました。このままディメンションテーブルが増えていけば、星形になります。

　Power BIでは、正規化されたテーブルのリレーションを作成すると、自動で列同士を検出してカーディナリティも決まりますが、自動検出できないケースや、意図していたリレーションと違う場合は手動で修正する必要があるため自分でも編集できるようにしておきましょう。

DAX

　これまでExcelデータを加工してデータモデリングを行ってきました。ここからは、データ作成や加工に便利なDAXについて説明します。DAXはData Analysis Expressionsの略で、Microsoftが開発した数式言語です。DAX関数を使って式や数式を作成することで、データの集計やテーブルの作成を手軽に行うことができます。

DAXとPower Query

　Power BIでは、Power QueryとDAXという2種類の開発言語を利用します。両者はカバーする範囲が広く、共にスクリプトを記述するため、初めは使い分けに戸惑うかもしれません。そのため、まずは簡単に両者の違いと使い分けについて説明します。Power Queryについては、「Power Queryを使ったデータモデリング」（63ページ）で説明しています。

　Power Queryはデータの準備段階で使われ、データの抽出・加工やクレンジングを目的として利用します。一方、DAXはPower BIにデータを読み込んでデータモデルを構築したあとに、それらのデータをもとに新しいデータを作成するために使用されることが多いです。

　たとえば、DAXは特定の期日のデータだけをフィルターしたり、売上の合計値を集計してレポートに表示するなど、レポートのデータ分析や計算・集計などの用途で使われます。

　テーブルの作成などのテーブル操作はPower QueryとDAXの両方で行えます。DAXのほうが手軽な場合もあるため、やりやすい方法で構築するとよいでしょう。

DAXの使用方法

　DAXはレポートビュー画面の［モデリング］タブから、既存のデータに基づいてデータの集計値や計算値を保持するメジャーやテーブルを作成し、それらのテーブルに数式を割り当てるときに利用します。スタースキーマに必要な日付テーブルをまだ用意していないので、読み込んだ契約テーブルの契約締結日をもとに、DAXで「日付マスタ」を作成してみましょう。

　左側のペインから、［レポートビュー］❶をクリックしてレポートビュー画面を表示します。［モデリング］タブ❷から［新しいテーブル］❸を選択します（画面3-12）。

▼画面3-12

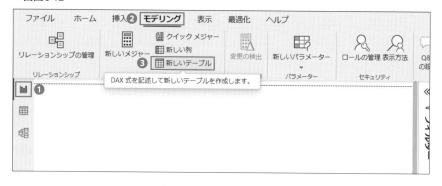

　［データ］ペインに「テーブル」が追加され、数式バーが表示されるので次のように入力します。

```
日付マスタ = CALENDAR(MIN('契約テーブル'[契約締結日]),MAX('契約
テーブル'[契約締結日]))
```

　ここでは、DAX関数の「CALENDAR関数」「MIN関数」「MAX関数」を利用して「契約テーブルの一番古い契約締結日と一番新しい契約締結日の間に含まれる、すべての日付を重複なく取得する」という内容を数式で表現しています。上の数式は、「契約テーブル」の契約締結日をもとに「日付マスタ」を作成しています（画面3-13）。新たに「契約テーブル」に最新の契約締結日を持ったデータが追加されるとMAXの日付が変わるので、自動で取得範囲を拡大し、「日付マスタ」にもその範囲のデータが追加されます。

▼画面3-13

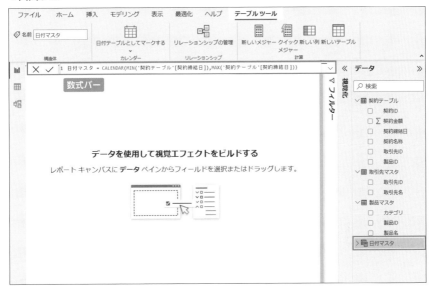

　DAXを利用するとこのように動的なテーブルを作成できます。DAXについての詳しい内容や、その他の具体的な活用方法はPart 2を参照してください。「日付マスタ」を作成したので、リレーションを設定します。DAXで作成したテーブルもモデルビュー画面から確認することができます。

　「日付マスタ」を作成したので、リレーションを設定します。「日付マスタ」の「Date」列を「契約テーブル」の「契約締結日」列にドラッグ＆ドロップします（画面3-14）。このリレーションのプロパティを見ると、「1つの日付（Date）に対して、複数の契約（契約締結日）がある」ことをPower BIが認識し、「日付：契約＝1：多」の関係となっていることが確認できます（画面3-15）。

▼画面3-14

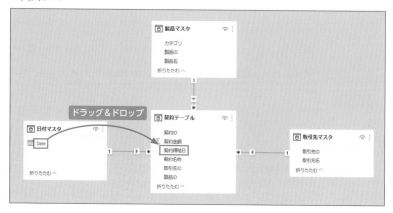

▼画面3-15

　　ここまでは、読み込んだサンプルで続けて作業してきましたが、この作業の流れはここでいったん終了ですので、画面左上の［ファイル］から［名前を付けて保存］をクリックしてファイルを保存してください。また、引き続き次項の作業に取り組む場合は、［ファイル］メニューの［新規］を選択して新しいウィンドウを準備してから進んでください。

Power Queryを使ったデータモデリング

Power Queryの基本とPower Queryエディターの画面構成

Power Queryは、データを抽出・加工する機能を持ち、「M言語」と呼ばれるデータマッシュアップ言語で処理を記述します。スクリプトの記述には、Power BI Desktopに標準で搭載されている「Power Queryエディター」を使います。このエディター上ではPower Queryを使って手軽にデータを加工することができます。本Chapterの「ファクトテーブルとディメンションテーブル」（46ページ）「データのインポート」（51ページ）では、あらかじめExcelベースでモデリングを行い、正規化済みのテーブルをインポートしました。以下ではPower Queryを使用して、正規化を行う方法について説明します。

実際の説明に入る前に、Power Queryエディターの画面構成について説明します（画面3-16、表3-16）。Power BI Desktopで［ホーム］⇒「データの変換」を選択すると、Power Queryエディターが起動します。この画面では、Power Queryを活用して、ノーコードで手軽にデータを加工することができます。

加工の履歴は保存されており、クエリの設定の「適用したステップ」から簡単に元に戻すことも可能です。

▼画面3-16

▼表3-16　Power Queryエディターの画面構成要素

構成要素	説明
❶リボン	複数のタブを使用して、データの変換、結合、抽出などを実行する
❷クエリ	使用可能なクエリやパラメータの一覧が表示される
❸数式バー	M言語を入力して、データのフィルタリングや並び替え、集計、結合などの操作を行う
❹現在のビュー	［クエリ］ペインで選択したクエリの実行結果のプレビューが表示される
❺クエリの設定	現在選択中のクエリ、クエリ名、クエリのステップが表示される
❻ステータスバー	クエリに関する関連情報（実行時間、列と行の合計数、処理状態など）を表示するバー。現在のビューを変更するためのボタンも表示される

　本Chapterの「ファクトテーブルとディメンションテーブル」（46ページ）での説明と同様に、契約管理システムから出力した元データをインポートし、ファクトテーブルとディメンションテーブルに分ける処理について説明します。まずは、元データをインポートします。使用するデータについては、本書のサポートページからダウンロードした「SampleData_Chapter3_元データ」を利用し、Excelファイルのインポート方法については、本Chapterの「データのインポート」（51ページ）を参考にしてください。また、切り分けたテーブルにはIDが付与されていないのでIDを付与する手順についても説明します。

　データがインポートされていることを確認してから❶、［データの変換］❷をクリックします（画面3-17）。Power Queryエディターが表示されます（画面3-18）。

「データの変換」は、データのインポート時に行うことも可能です。
データをインポートする前でも、インポートした後でもどちらでも変換を
行えるため違いはありません。

▼画面3-17

▼画面3-18

　実際にインポートした元データをファクトテーブルとディメンションテーブルに切り分けます。ここでは元データから、取引先情報の列を切り出して、「取引先マスタ」というディメンションテーブルを作成します。

　[クエリ] パネルの「元データ」❶を右クリックして [複製] ❷を選択します（画

面3-19）。

▼画面3-19

「元データ」が複製されるので、複製されたデータを右クリックして［名前の変更］を選択し、名前を「取引先マスタ」に変更します（画面3-20）。

▼画面3-20

　次に、「取引先マスタ」に不要な列を削除します。「取引先マスタ」❶を選択し、「契約ID」列❷を右クリックして［削除］❸を選択します（画面3-21）。「契約ID」列が削除されます。

▼画面3-21

　同様に、「取引先名」列以外のすべての列を削除します（画面3-22）。

▼画面3-22

　次に、重複しているレコードを削除します。「取引先名」列❶を右クリックして
［重複の削除］❷を選択します（画面3-23）。

▼画面3-23

　重複しているレコードは削除されました（画面3-24）。

▼画面3-24

次に、「取引先マスタ」のID列を作成します。

Power Queryエディターでは、「インデックス列」を挿入することで、簡単に重複のないID列を作成することができます。しかし、通常のインデックス列は数値のみなので、ここではもう少し工夫し、本Chapterの「ファクトテーブルとディメンションテーブル」（46ページ）で作成した「取引先マスタ」の構造に合わせて「client-00X」形式の取引先IDを作成します。

文字列と数字の複合IDの場合は、次の手順でID作成を行います。

① インデックス列を追加する
② インデックス列にプレフィックスを追加して0埋めをする
③ インデックス列に文字列部分のプレフィックスを追加する

順に説明していきます。

① インデックス列を追加する

インデックス列を追加すると、レコードに自動で重複のない数字を付与できます。操作は簡単で、［列の追加］❶⇒［インデックス列▼］❷⇒［1から］の順に選択して、インデックス列を追加します（画面3-25）。

▼画面3-25

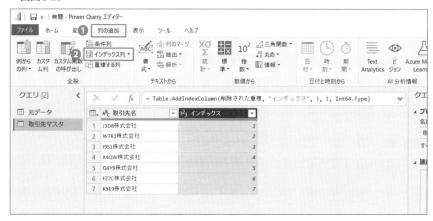

②インデックス列にプレフィックスを追加して0埋めをする

インデックス列は、数字型のため1または0から始まりますが、プレフィックスを追加することで、前に文字を追加することができます。

インデックス列❶をクリックし、[変換]❷⇒[書式]❸⇒[プレフィックスの追加]❹の順に選択し、値に「00」と入力します（画面3-26）。

▼画面3-26

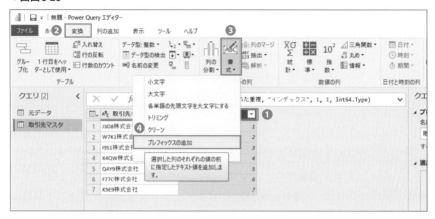

インデックス列の値にプレフィックスとして「00」が追加されました（画面3-27）。

▼画面3-27

今回のデータでは、取引先が10件未満なので問題ないですが、2桁以上の場合は、「0011」「00111」などのように4桁以上になってしまうことが考えられます。その場合は②の手順の後、③を行う前に、[変換]⇒[抽出]⇒[最後の文字]の順に選択し、カウントに「3」(抜き出したい桁数)と入力すると、桁数を揃えることができます。

③ インデックス列に文字列部分のプレフィックスを追加する

先ほどと同じように、インデックス列をクリックし、[変換]⇒[書式]⇒[プレフィックスの追加]の順に選択し、値に「client-」と入力します。インデックス列は画面3-28のようになります。

▼画面3-28

インデックス列❶を右クリックして[名前の変更]❷を選択し、名前を「取引先ID」に変更します(画面3-29)。

Chapter 3

▼画面3-29

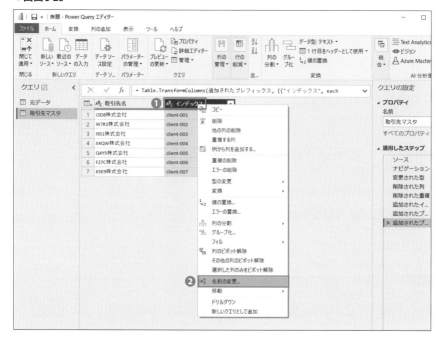

　これでID作成が完了し、ディメンションテーブルとして「取引先マスタ」を分離することができました。

　次に、元データ側で「取引先ID」を作成し、「取引先名」列を削除することで、ファクトテーブルとして加工します。

　[クエリ] パネルの「元データ」❶をクリックし、[ホーム] ❷⇒[結合] ❸⇒[クエリのマージ] ❹の順に選択します (画面3-30)。

▼画面3-30

画面の上下中央付近で取引先マスタを選択し、「元データ」の「取引先名」列
❶と「取引先マスタ」の「取引先名」列❷を選択します。今回は「取引先マスタ」
を「元データ」から作成したので、［結合の種類］は「内部」❸を選択して［OK］
❹をクリックします（画面3-31）。元データ側に「取引先マスタ」列が作成され
ます。

▼画面3-31

「製品マスタ」などのテーブルで、2列以上をセットでマージする場合（複合キー）は、Ctrlキーを押しながら列を選択すれば、複数の列を結合することができます。

　追加された「取引先マスタ」列の右のほうにある［🔀］❶をクリックし、「取引先ID」❷のみをチェックして［OK］❸をクリックします（画面3-32）。これで、元の取引先名と紐づいた取引先IDが元データに追加されます。

▼画面3-32

　追加された「取引先マスタ.取引先ID」列の名前を「取引先ID」に変更します。また、元データの「取引先名」列を削除します。
　これで、元データから取引先マスタを切り出して、元データと紐づけることができました。取引先情報と同様に、製品情報を「製品マスタ」として切り出して元データの名前を「契約テーブル」に変更すれば、Power Queryでのデータモデリングは終了です。

　左上の［閉じて適用］をクリックします（画面3-33）。変換後のデータが読み込まれます（画面3-34）。

テーブル内部の列を指定する際に「**テーブル名 . 列名**」のような記述方法を用いることがあります。これは「ドット記法」と呼ばれ、内部へのアクセスをするときによく利用されます。

▼画面3-33

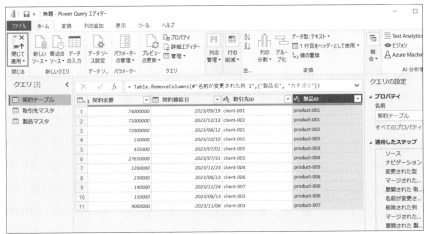

▼画面3-34

　Power Queryはとても多機能で、列を一括で置換したり1つの列を2列に分離するなど、データの正規化以外にもさまざまなことができます。また、元データ

に対して加工を行うので、データの更新時にも元データを差し替えるだけで、追加されたデータや差し替えられたデータに対しても自動で正規化されるというメリットがあります。Power BIに慣れてきたら積極的に利用するようにしましょう。

3-3　Power BI Desktopの画面構成

　本節では、改めてPower BI Desktopの画面構成について説明します。Power BI Desktopは大きく分けて「レポートビュー」「テーブルビュー」「モデルビュー」の3つの画面から成り立っています。データの接続などの基本操作はどの画面からでも行うことができます。

　Power Queryエディター画面については、直前の「Power Queryを使ったデータモデリング」（63ページ）で説明しています。

- レポートビュー

　レポートビューは、Power BI Desktopのトップ画面です（画面3-35）。キャンバスにビジュアルを追加して、データの視覚化を行い、レポートやダッシュボートを作成します。

- テーブルビュー

　テーブルビューでは、データソースから取得したテーブルやクエリのデータを表示・編集することができます（画面3-36）。また、データのプレビュー機能があり、実際のデータの中身を確認しながらデータの加工を行うことが可能です。

- モデルビュー

　モデルビューでは、データモデルの作成や管理を行うことができます（画面3-37）。データ構造を視覚的に把握することが可能で、テーブルやクエリのリレーションの設定など、データモデルの設計や編集を行うことができます。

▼画面3-35

▼表3-17　レポートビューの画面構成要素

構成要素	説明
❶ リボン	Power BI Desktopの各種操作（データのインポート、クエリの編集、ビジュアルの挿入、モデリング、計算）をする
❷ [レポートビュー] アイコン	レポートビューに移動する
❸ レポートキャンバス	作成したビジュアルが配置される。ドラッグ&ドロップでビジュアルの位置・サイズの変更ができる
❹ [フィルター] ペイン	表示ページのフィルター、またはすべてのページのフィルターが表示される
❺ [視覚化] ペイン	ビジュアルなどの種類を選択する。レポートキャンバスで編集可能なビジュアルの位置・サイズ、フォントなど詳細な書式設定ができる
❻ [データ] ペイン	レポートの作成に使用できるテーブルまたは列が表示される

Chapter 3

▼画面 3-36

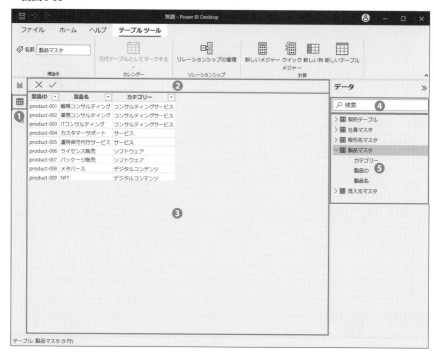

▼表 3-18　テーブルビューの画面構成要素

構成要素	説明
❶［テーブルビュー］アイコン	テーブルビューに移動する
❷ 数式バー	メジャーと計算列のDAX式を入力する
❸ データグリッド	選択したテーブルとその中のすべての列と行が表示される
❹ 検索	モデル内のテーブルまたは列を検索する
❺ フィールド一覧	データグリッドに表示するテーブルまたは列を選択する

▼画面3-37

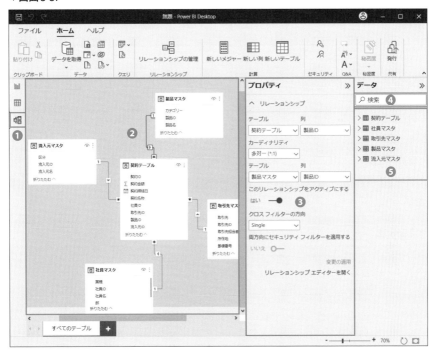

▼表3-19　モデルビューの画面構成要素

構成要素	説明
❶ [モデルビュー] アイコン	モデルビューに移動する
❷ モデル	モデル内のすべてのテーブル、列、リレーションが表示される
❸ [プロパティ] ペイン	選択したテーブル、列の関連情報 (全般、書式設定、詳細、リレーション) を表示する
❹ 検索	モデル内のテーブルまたは列を検索する
❺ フィールド一覧	モデルに表示されているテーブルまたは列を選択する

Chapter 3

3-4　視覚化

ビジュアルの追加とデータの割り当て

前節までで、レポートで使用するデータの準備を行いました。本節では、3-2節の62ページまでの作業結果を引き継ぎ、実際にビジュアルを追加してレポートを作成します。例として、「積み上げ横棒グラフ」を作成する方法を説明します。

まず、［視覚化］ペインで［積み上げ横棒グラフ］アイコンをクリックします（画面3-38）。

▼画面3-38

［積み上げ横棒グラフ］がレポートキャンバスの左上に表示にされたら、マウス操作で大まかな位置とサイズを整えます（画面3-39）。

▼画面3-39

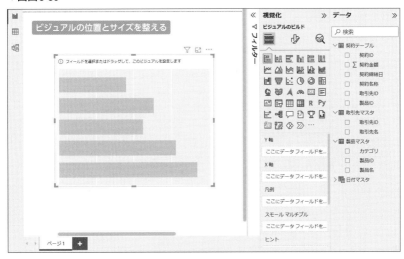

　追加されたビジュアルをクリックすると、[視覚化] ペインにそのビジュアルの軸や値が表示されます（画面3-40）。画面右側の [データ] ペインから、列をビジュアルの軸や値にドラッグ＆ドロップして配置します。これでビジュアルがデータを表示するようになります。

▼画面3-40

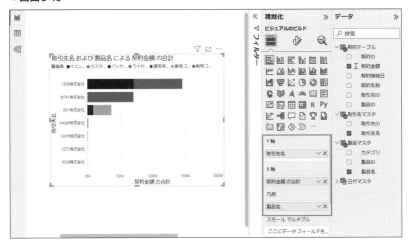

フィルターの追加

レポートにフィルターを追加すると、特定の条件に基づいてデータを表示できるようになります。レポートには、異なる3つのレベルでフィルターを設定できます。

- レポートレベル：レポート全体でフィルターを設定します。
- ページレベル：レポート内の1つのページ全体でフィルターを設定します。
- ビジュアルレベル：1つのビジュアルに対してフィルターを設定します。

本節ではビジュアルに焦点を当てて、ビジュアルレベルでのフィルターの追加方法を説明します。ビジュアルを選択した状態で❶、[視覚化] ペインの左の[フィルター] ペイン❷を選択します (画面3-41)。

▼画面3-41

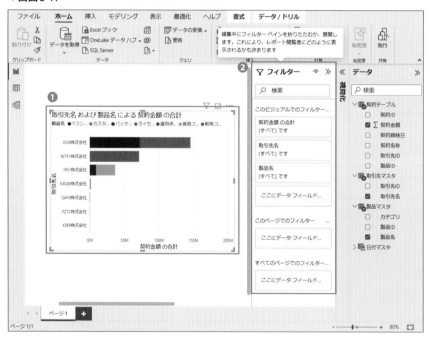

　現在ビジュアルに追加している列ごとに、フィルターの条件を指定することが可能です。［フィルター］ペインの「取引先名」をクリックし、特定の値を選択すると、選択された取引先のデータのみが表示されます（画面3-42）。

▼画面3-42

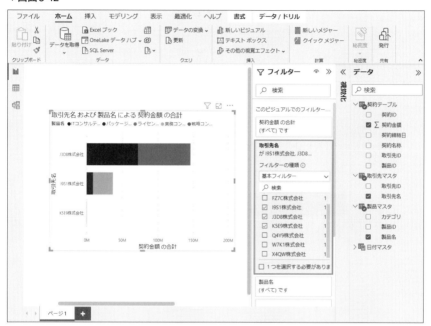

　操作しながら本書を読んでいる場合は、次の手順に進む前に、このフィルターの右上隅にマウスポインタを重ね、［フィルターをクリア］アイコンをクリックしてください（画面3-43）。

▼画面3-43

　上記の例では「基本フィルター」として、値を選択する形でフィルターを行いましたが、「高度な設定」として、指定の値を含むものをフィルターするといった複雑な設定も可能です。条件を設定してから❶、［フィルターを適用］❷をクリックします（画面3-44）。

▼画面3-44

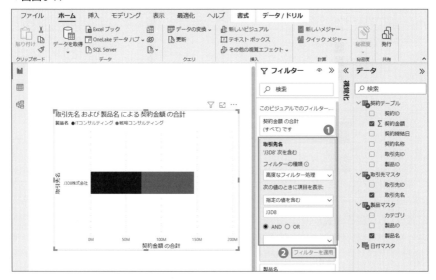

　操作しながら本書を読んでいる場合は、先ほど（83ページ）と同じように、次の手順に進む前にこのフィルターをクリアしてください。

プロパティ設定

　Power BI Desktopでレポートを作成するときに、キャンバスや追加したビジュアルのプロパティを設定すれば、文字サイズや表示内容を変更できます。
　プロパティを変更したいビジュアルを選択し❶、［ビジュアルの書式設定］❷をクリックします（画面3-45）。

▼画面3-45

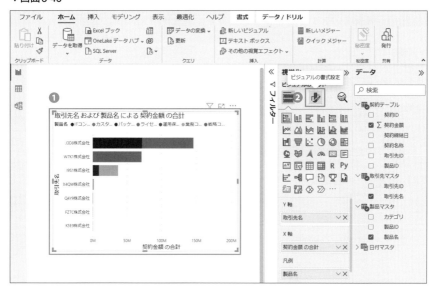

ビジュアルの書式設定が開くので、［全般］❶ ⇒ ［タイトル］❷の順に選択し、［テキスト］に「取引先別の契約金額合計」❸と入力します（画面3-46）。ビジュアル上部のタイトルが変更されます❹。

▼画面3-46

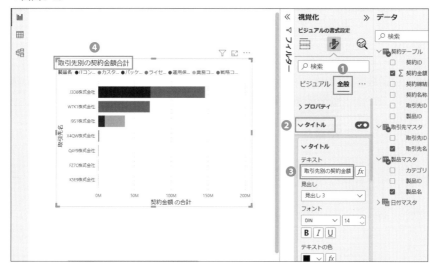

　同様に、［ビジュアルの書式設定］❶ ⇒ ［全般］❷ ⇒ ［効果］❸の順に選択し、［視覚的な境界］のトグル❹をオンにします（画面3-47）。

▼画面3-47

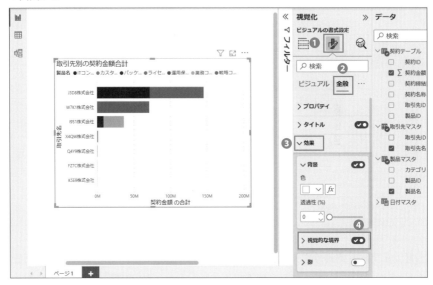

　ビジュアルの枠が表示されます（画面3-48）。

▼画面3-48

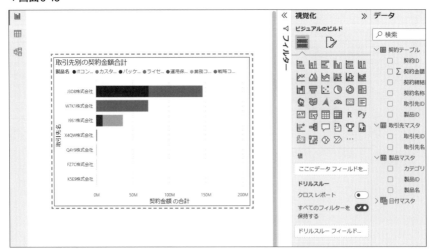

レポートキャンバス全体のプロパティを変更します。キャンバスのビジュアル以外の場所をクリックし❶、［レポートページの書式設定］❷を選択します（画面3-49）。

▼画面3-49

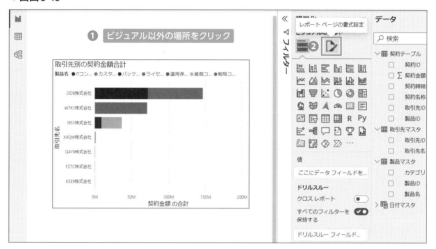

［壁紙］❶⇒［カラー］❷の順に選択し、背景色を選択します（画面3-50）。レポート全体の背景が、選択した色に変わります。

▼画面3-50

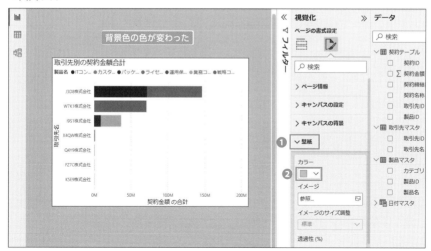

Chapter 3

　このように、Power BIではインポートしたデータをもとに、さまざまな表示形式でレポートを作成することができます。また、多くのビジュアルを追加し、プロパティを変更することで、よりリッチなレポートを表示することも可能です

3-5　レポートの発行

　これまでは、Power BI Desktopを使用してレポートを作成してきました。Power BI Desktopで作成したレポートはpbix形式のローカルファイルのため、多くの人と共有するにはPower BI DesktopからPower BI Serviceに「発行」という操作を行う必要があります。

　「発行」を行うには、Power BI Desktop画面で［発行］ボタンをクリックします（画面3-51）。

▼画面3-51

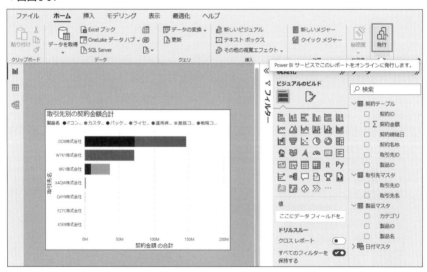

　「発行」を行うには、ローカルファイルが保存されている必要があります。
まだ保存をしていない場合は、先にファイルを保存しておいてください。

　宛先を指定するダイアログで、レポートを発行するワークスペースを選択します。ここでは「Power BI Study」❶を選択しています（画面3-52）。［選択］❷をクリックします。

▼画面3-52

　発行が完了すると、発行されたPower BI Service上のレポートへのリンクが表示されます（画面3-53）。なお、Power BI Serviceについては、次の3.6節で簡単に解説しています。

▼画面3-53

Power BI へ発行する

✓ 成功しました!

Power BI で 'SampleReport_Chapter3.pbix' を開く

クイック分析情報を取得する

ご存じでしたか?
携帯電話向けに調整した縦長ビューのレポートを作成できます。[表示]
タブで [モバイル レイアウト] を選択してください。詳細情報

OK

　リンクをクリックするとブラウザが起動し、レポートが表示されます（画面3-54）。

▼画面3-54

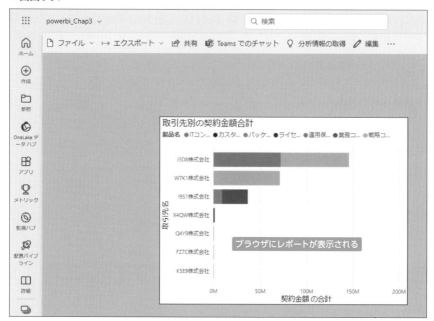

3-6　Power BI Serviceの画面構成

　Power BI Serviceは、「Power BIオンライン」とも呼ばれ、作成したレポートをSharePointのように手軽に共有・分析することが可能なクラウドサービスです。Power BI Serviceには、レポートの共有や、共有範囲の権限設定、データソースの自動更新設定などクラウドサービスならではの機能が多く揃っています。Power BI Serviceの画面構成は次のようになっています（画面3-55）。

▼画面3-55

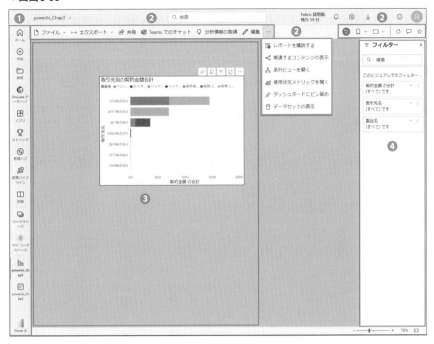

▼表3-20　Power BI Serviceの画面構成要素

構成要素	説明
❶［ナビゲーション］ペイン	Power BIの構成要素（ワークスペース、レポート、データセットなど）間の移動をする
❷ メニューバー	レポートのダウンロード、共有、編集などレポートに対する操作するためのオプションが表示される
❸ レポートキャンバス	Power BI Desktopで作成したレポート（表やグラフ）が配置される。メニューバーの編集からPower BI Serviceでも簡単なレポート編集が行える
❹［フィルター］ペイン	表示ページのフィルター、またはすべてのページのフィルターが表示される

　左の［ナビゲーション］ペインにはPower BI Serviceの構成要素が表示されています。ワークスペース画面では、グループごとに発行されているレポートやデータセットを確認することができます。またレポート画面ではレポートの共有、アクセス許可の範囲設定、ダウンロード、編集などを行うことができます。Power

BI Desktop同様、Power BI Serviceでもレポートを作成することはできますが、Power BI Desktopのほうが多機能なため、Power BI Serviceは表示や共有目的で使用されることが多いです。各機能の詳しい内容や手順についてはPart 2で説明します。

＊　＊　＊

　これで、Power BI開発の基本的な流れに関する解説は終了です。Power BIは、さまざまなビジュアルとデータの組み合わせで、効果的なデータ分析が可能です。Part 2では、リファレンス形式でビジュアルを紹介し、レポートの作成方法について説明しています。Part 2を参照しながら、より高度でリッチなレポートを作成してみましょう。

Part 2

リファレンス編

データ分析・可視化の実現の仕方が目的別にわかる「ビジュアルリファレンス」、Power BI上のデータ集計に役立つDAXの基本と使い方を解説した「DAXリファレンス」、Power BIで作成したレポートの活用、運用がわかる「レポート管理・運用リファレンス」で、実践的な利用方法を解説します。

Chapter 4

ビジュアルリファレンス

本Chapterでは Power BI でできるデータ分析・可視化を目的別にリファレンス形式で紹介します。Power BI Desktopには多数のビジュアルが用意されていて、独自に追加することも可能です。用途に応じて使い分けていくとよいでしょう。

　分析用途に応じて適切なビジュアルを利用すると、数字だけでは見えなかった傾向やパターンが明らかになり、データに基づいた洞察を得られます。また、データを可視化して組織で共有し、洞察から得られた分析を活かして問題や原因の特定、意思決定のスピードアップ、戦略立案などに役立ててみましょう。

　Power BI Desktopで使えるビジュアルの詳細について見る前に、主なビジュアルを目的別にまとめました。次の早見表を参考に分析を進めてみてください。

目的別ビジュアルの早見表

参照ページ nn

時系列推移を表示する	折れ線グラフ	107	折れ線積み上げ縦棒グラフ	113
	集合棒グラフ	115	ウォーターフォール図	117
構成比を表示する	円・ドーナツグラフ	120 124	ツリーマップ	127
	ファネル	129	100%積み上げ棒グラフ	131
構成推移を表示する	面・積み上げ面グラフ	133 134	リボングラフ	136
地域別に表示する	マップ	141	塗り分け地図	143
相関関係を表示する	散布図	147	分解ツリー	148
	主要なインフルエンサー	150		
データを一覧する／カードで表示する	カード・複数行カード	153 153	KPI	154
	テーブル	156	マトリックス	157
データの絞り込み、要約、問い合わせを行う	スライサー	168	スマート説明	172
	Q&A	173		

折れ線グラフ
時系列推移を表示する

概要	活用シーン	例
縦軸に数値、横軸に時間や連続した数値を設定し、その変化を線で表現する。日々の売上やアクセス数の変化、季節ごとの傾向、商品の販売推移など、時間軸に沿ったデータ変化を可視化することに適している	・過去1年間の月別売上を表示し、売上が上昇した時期や下降した時期を把握する ・広告開始日からのアクセス数や問い合わせ数を時間経過で表示し広告効果を把握する	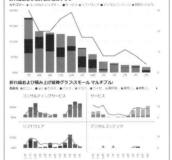

折れ線グラフおよび積み上げ縦棒グラフ
時系列推移を表示する

概要	活用シーン	例
折れ線グラフは縦軸に数値、横軸に時間軸を設定し、データの推移を積み上げた折れ線グラフで表現する。積み上げ縦棒グラフは、データの推移を積み上げた折れ線グラフと積み上げ棒グラフで表現する複合グラフである。折れ線グラフと積み上げグラフの特徴をあわせ持っているため、データの傾向と、全体に対する割合を同時に把握できる	・複数の商品や製品の売上や収益の推移を比較・分析する ・複数の社員やチームの業績や進捗状況を比較・分析する ・複合グラフはY軸を2つ設定できるため、売上合計と売上比率などの相関関係を可視化するときに役立つ	

集合棒グラフ
時系列推移を表示する

概要	活用シーン	例
複数のデータを1つのグラフで見やすく表示する。棒グラフが縦に並んでいるため、比較しやすい	・月別や商品別の売上を比較して、どの時期に、どの商品が売れているのかを把握する ・営業担当者別の成績を比較して、優秀な担当者や改善が必要な担当者を見つける	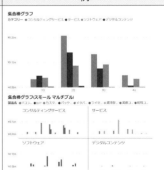

Chapter 4

ウォーターフォール図		時系列推移を表示する
概要	活用シーン	例
数字データの増減や累計算定の推移を可視化することに適している。比較軸（四半期単位の数字の増減は、第1四半期、第2四半期の差引結果より増減が算定）をもとに算定され、増減は色分け表示される	・四半期ごとの契約金額を比較表示し、一年間の累計契約金額を表示する ・月ごとの収支の増減比較表示し、一年間の利益（または損失）を表示する	

円グラフ		構成比を表示する
概要	活用シーン	例
全体に対する各要素の割合や数値データの傾向を直感的に表現する	売上の内訳や商品カテゴリの割合、時間帯別の訪問者数の割合、地域別の市場規模の割合など	

ドーナツグラフ		構成比を表示する
概要	活用シーン	例
全体に対する各要素の割合や数値データの傾向を直感的に表現するドーナツ型の円グラフ。ドーナツグラフは中央に穴があいているため、円グラフよりも隣接する要素の差が視認しやすいという特徴がある	売上の内訳や商品カテゴリの割合、時間帯別の訪問者数の割合、地域別の市場規模の割合など	

ツリーマップ		構成比を表示する
概要	活用シーン	例
四角形のブロックを使って、大きなカテゴリから小さなカテゴリまでの階層関係を視覚的に表現する	商品の売上の分析や、社員の業務時間の分析、ウェブサイトのアクセスログの分析など	

ファネル　　　　　　　　　　　　　　　　　　　　　　構成比を表示する

概要	活用シーン	例
ビジネスのプロセスを段階ごとに分けて表示する。広がりを持つ形状から「ファネル（漏斗）」と呼ばれる。各段階でのデータ量が一目でわかり、どの段階で効果が上がっているか、逆にどの段階で問題があるかを把握しやすい	・顧客が初めて問い合わせをしてから、商談成立までの各段階を分析し、効果的な営業戦略を立てる ・広告からの訪問者がウェブサイトでどのように行動し、最終的に購入までに至るかを分析し、改善点を見つける	

100%積み上げ棒グラフ　　　　　　　　　　　　　　　　構成比を表示する

概要	活用シーン	例
積み上げ棒グラフを、全体を100%とした割合で表示したもの。複数のデータを比較しつつ、割合を表現することができ、数値の大小関係を直感的に把握できる	・月別の売上構成比を商品別に表示し、季節性と商品の売上の関連を把握する ・顧客の年代や性別、地域別などの属性ごとの割合を表示し、ビジネスにおける重要な要素や傾向を可視化する	

面グラフ、積み上げ面グラフ　　　　　　　　　　　　　構成推移を表示する

概要	活用シーン	例
数値データを面積の大きさで表現する。縦軸と横軸に数値を設定し、面積の大きさを数値に比例させて複数のデータを比較するのに適している	複数の商品やサービスの売上の比較、複数の地域の人口比較、複数の時期の気温比較など	

Chapter 4

97

リボングラフ		構成推移を表示する
概要	活用シーン	例
棒グラフと丸いリボンの形状を組み合わせたグラフで、数値データの比較や複数のグループ間での比較やランキングを同時に表現できる	商品の売上ランキングや地域別の販売数比較、複数のデータグループ間のランキング付けなど	

マップ		地域別に表示する
概要	活用シーン	例
世界地図や国別地図、都道府県別地図など、さまざまな種類の地理情報を利用して、地域ごとのデータを視覚的に表現する	売上・収益などの地域別の比較、来客数・売上数などの店舗エリア別の比較、物流の状況や顧客の居住地の分析など	

塗り分け地図　　　　　　　　　　　　　　　　地域別に表示する

概要	活用シーン	例
地域ごとのデータを地図上で色分けして地域ごとの傾向や比較を視覚的に表現する	人口、売上高、生産量など、地域ごとの数値を比較する。地域ごとの市場規模の比較など	

散布図　　　　　　　　　　　　　　　　　　相関関係を表示する

概要	活用シーン	例
縦軸と横軸に2つの要素を設定し、それらの値を点で表現して、2つの要素の相関関係、分布状況の把握、外れ値や異常値を抽出などを可視化する	商品の価格と売上数の相関関係を調べる場合は、価格を横軸、売上数を縦軸として散布図を作成する。これで、価格が高くなるほど売上数が減少するかどうかを視覚的に把握できる	

分解ツリー		相関関係を表示する
概要	活用シーン	例
階層的な構造を持つデータを可視化する。親となるデータから子データへと分解されていく構造を持ち、全体としての割合や比率を掘り下げることができる。詳細なデータの解析などに使用する	・会社全体の売上を分解して、部門別の売上の内訳を表示する ・製品別の利益を分解し、原材料費や人件費などの内訳を表示する。顧客の購買履歴を分解して、商品別の購買傾向を把握する	

主要なインフルエンサー		相関関係を表示する
概要	活用シーン	例
分析対象データに影響、関与する関連データの要因を可視化するPower BIの視覚化の1つで、データ間の相関分析にはAIが使用されている。分析対象データに影響、関与するデータの大きさや相対的な位置関係を重要度別に比較表示し、表現する	契約のチャーンレート（解約率）に影響、関与するデータの要因（契約金額の規模、契約期間、提供製品の種類、担当営業、取引エリア）を可視化し、チャーンレートを下げるための要素を把握する	

カード		データを一覧する／カードで表示する
概要	活用シーン	例
データの要約をテキストや数値で表現するため、ビジネス上の指標を一目で確認できる。また、特定の情報を強調するのにも有用	ビジネス上の指標を表示する（売上高目標や実現した利益など）	

複数の行カード		データを一覧する／カードで表示する
概要	活用シーン	例
カードビジュアルを複数並べたもので、複数の指標を一覧できる	ビジネス上の複数の指標を同時表示する（売上高目標や実現した利益など）	複数の行カード 60 198 ¥949,072,626 取引先数 契約数 契約金額合計

KPI		データを一覧する／カードで表示する
概要	活用シーン	例
Key Performance Indicatorの略で、ビジネス上の重要な指標を可視化する。ビジネスの目標達成度合いを評価するために利用され、グラフや数字などの表示方法を変更することができる	ビジネス上の指標を表示する（売上高目標、実現した利益、顧客満足度など）	KPI ¥88,230,000 目標: 100000000 (-11.77%)

ゲージ		データを一覧する／カードで表示する
概要	活用シーン	例
達成状況や進捗を一目でわかるように表示する。形状が自動車の速度計に似ていることから「ゲージ」と呼ばれる。目標値や範囲を設定できるので、現在の状況が目標に対してどの程度達成しているかがすぐに把握できる	期間ごとの売上目標に対して、現在の売上がどの程度達成しているかを確認する。予定されたコスト削減額に対して、実際に削減できた金額がどのくらいかを表示する	ゲージ 1000M ¥949M K0M ¥1,200M

テーブル		データを一覧する／カードで表示する
概要	活用シーン	例
Excelの表と同じように、行と列に分けてデータを表形式で表示する。テーブルには、フィルターやソート機能もあるため、必要なデータを簡単に抽出できる	売上データや顧客情報などをテキストデータとして表現する	<table>

マトリックス		データを一覧する／カードで表示する
概要	活用シーン	例
Excelのクロス集計表に相当するビジュアル。複数のデータを並べて表示し、交差する部分のデータを集計して表示する。カテゴリごとの集計や比較がしやすく、膨大なデータの中から必要な情報を見つけることができる。集計した結果をグラフで表示し、視覚的に表現することも可能	売上や利益の月次別集計や、商品別・地域別・顧客別などのカテゴリごとの集計、社員の業務時間や生産性の集計など	

スライサー		データの絞り込み、要約、問い合わせを行う
概要	活用シーン	例
Power BIのビジュアルで表示されたデータをフィルタリングする。分析する軸ごとにスライサーを複数使って複雑なフィルタリングも簡単に行うことができ、分析を容易にする	分析軸を複数用意し、フィルタリングする（時間軸、数値軸、属性軸など）	

スマート説明		データの絞り込み、要約、問い合わせを行う
概要	活用シーン	例
Power BIに搭載された自動要約機能の1つで、ビジュアル上のテキストを自動的に要約し、解説を表示する。ビジュアル上のテキストを人工的に作成する手間を省き、ビジネスパーソンがビジュアル上の情報を簡単に理解できるようサポートする	ビジュアル上の情報を簡潔に理解する要約を表示する、要約による情報収集の効率を向上する	

Q&A		データの絞り込み、要約、問い合わせを行う
概要	活用シーン	例
自然言語で問い合わせてデータを検索し、問い合わせに該当するデータをグラフやビジュアルとして表示する	「直近3か月で新規顧客が増えたか?」という質問をすると、該当するデータをグラフで表示する	

　Power BIはデータの視覚化を支援するために、40種類のコアビジュアルを標準で提供しています。これらのコアビジュアルは、最も一般的なデータ分析のニーズに最適化しており、多くのシナリオで活用できます。本書ではその中から特に利用頻度が高いコアビジュアルに焦点を当て、次節以降で解説していきます。

　本書で記載されていないコアビジュアルは、特定の目的や状況に特化したものが多く、使用頻度はそれほど高くはないため本書では取り上げませんでした。コアビジュアルの詳細については、次のMicrosoft公式サイトを参照してください。

• Power BIのコアビジュアル (Microsoft Learn)

URL https://learn.microsoft.com/ja-jp/power-bi/developer/visuals/power-bi-custom-visuals#core-power-bi-visuals

Chapter 4

カスタムビジュアルでビジュアルを拡張する　Column

カスタムビジュアルとは

　Power BIが標準で提供しているビジュアル以外にも「カスタムビジュアル」と呼ばれる、ユーザーやサードパーティが独自に作成したビジュアルを使用できます。Power BIの標準的なビジュアルでは表現が難しい場合でも、カスタムビジュアルを使えば、工夫を凝らした、多様な種類のビジュアルで表現できるようになります。カスタムビジュアルは、Power BIのマーケットプレイス「AppSource」で入手できます。

> 参考 **AppSource**
> URL https://appsource.microsoft.com/en-US/marketplace/apps?
> product=power-bi-visuals

カスタムビジュアルの取得方法

　Power BI Desktopを開き、[視覚化] ❶ ⇒[ビジュアルにデータを追加する] ❷ ⇒[その他のビジュアルの取得] ❸ をクリックします (画面4-1)。

▼画面4-1

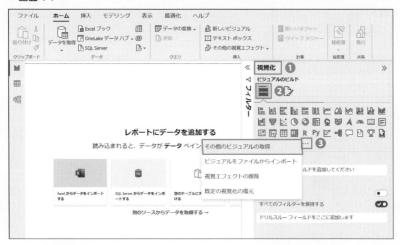

　任意のカスタムビジュアルをクリックします。ここでは「Word Cloud」を

選択しました（画面4-2）。

▼画面4-2

[追加する] をクリック後、「ビジュアルがこのレポートに正常にインポートされました」と表示されることを確認します（画面4-3）。

▼画面4-3

ビジュアルの一覧にカスタムビジュアルが表示されます（画面4-4）。取得したカスタムビジュアルにデータを設定し、動作を確認してみてください。

▼画面4-4

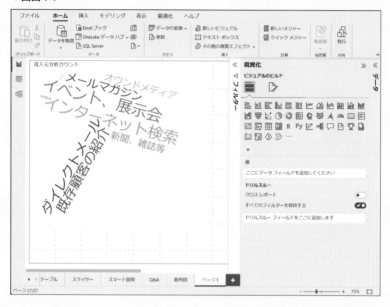

サンプルデータを読み込む

本Chapterでは、あらかじめスタースキーマとして構成済みPower BIレポートファイル（pbix）を読み込み、Power BI Desktopのビジュアルの使い方を学んでいきます。サンプルデータ（SampleReport_Chapter4.pbix）は本書のサポートページから事前にダウンロードしておいてください。

サンプルデータ内のスタースキーマ構成は画面4-5のようになっています。「契約テーブル」「製品マスタ」「流入元マスタ」「社員マスタ」「取引先マスタ」「日付テーブル」を用意し、「契約テーブル」のファクトテーブルを中心にディメンションテーブルを配置した構成になっています。

▼画面4-5

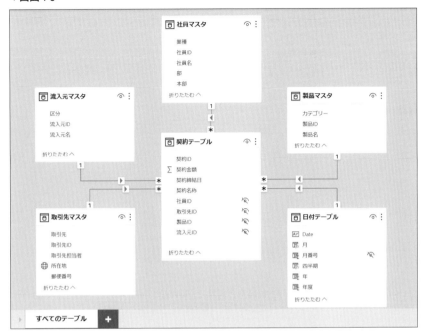

ダウンロードしたサンプルデータ（SampleReport_Chapter4.pbix）をダブルク
リックし、Power BI Desktop上で開き、ビジュアルリファレンスを楽しむ準備を
整えましょう。

4-1 データの時系列変化を表示する

折れ線グラフ

［折れ線グラフ］❶を選択し、キャンバスにビジュアルを配置します（画面
4-6）。ビジュアルに分析対象のデータを次のように設定します（表4-1）。

▼表4-1　ビジュアルにデータを追加する

No	プロパティ	設定値
❷	X軸	[日付テーブル] ⇒ [月]
❸	Y軸	[契約テーブル] ⇒ [契約金額の合計]
❹	凡例	[製品マスタ] ⇒ [カテゴリー]

▼画面4-6

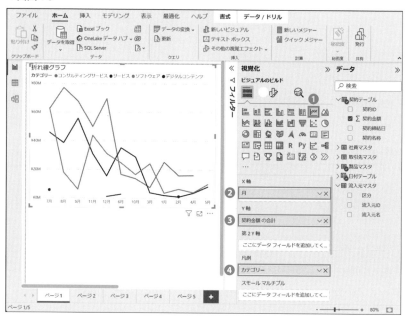

　次に、データを追加したビジュアルに対して書式設定を行います。

　本ChapterではX軸とY軸のタイトルを基本的にオフで設定し、ビジュアルを大きく、シンプルに見えるような設定にしています（表4-2、画面4-7）。

▼表4-2　ビジュアルの書式設定

No	タブ		設定値
	ビジュアル	X軸	タイトル：オフ
		Y軸	タイトル：オフ
❶	全般	タイトル	タイトル⇒テキスト：折れ線グラフ

▼画面4-7

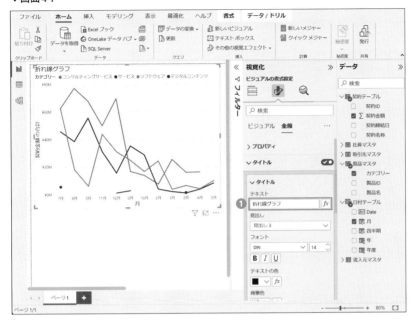

折れ線グラフのビジュアル設定

本文では詳しく触れませんでしたが、その他のビジュアルの書式設定についても紹介しておきます。[ビジュアルの書式設定]❶を選択してから、次のプロパティを設定します（表4-3、画面4-8）。

▼表4-3　ビジュアルの書式設定

No	タブ	プロパティ	説明
❷	ビジュアル	ズームスライダー	ビジュアル内グラフをズームイン・ズームアウトするオプション
❸	ビジュアル	マーカー	グラフのデータを強調するマーカーを付与するオプション
❹	ビジュアル	データラベル	グラフのデータをテキストで表示するオプション

▼画面4-8

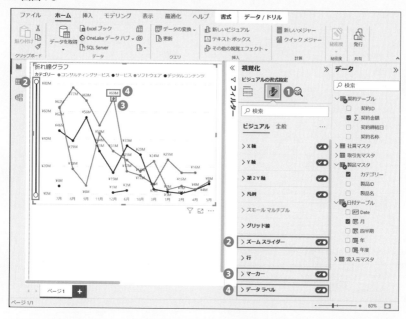

　ほかにも、[さらに分析をビジュアルに追加する]❶を利用すると、定数線
や、中央値線などをビジュアルに追加し、わかりやすい可視化が行えます（表
4-4、画面4-9、画面4-10、画面4-11）。この設定が行えるビジュアルはすべて
ではありませんが、活用することで効果的な可視化に役立つため、積極的に
試してみてください。

▼表4-4　さらに分析をビジュアルに追加する

No	プロパティ	設定値	説明
❷	Y軸の定数線	固定値	ビジュアル内グラフに定数線を付与するオプション
❸	平均線	[契約テーブル]⇒[契約金額の合計]	対象列データの平均線を付与するオプション
❹	誤差範囲	[契約テーブル]⇒[契約金額の合計] [オプション]⇒[有効化]：オン	対象列データの誤差範囲を付与するオプション。範囲はパーセンテージ、タイル別、標準偏差別などから選択する

▼画面4-9

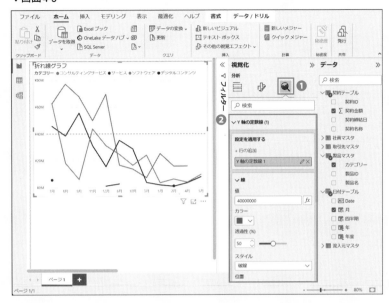

▼画面4-10

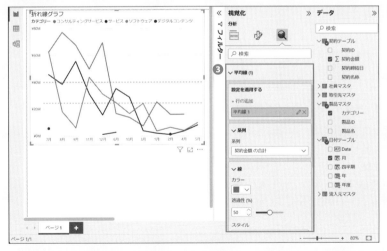

▼画面4-11

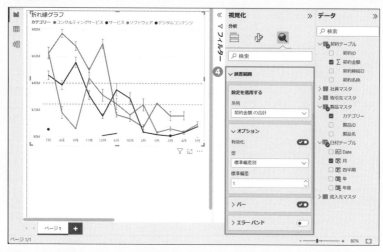

スモールマルチプル

　折れ線グラフやその他のビジュアルでは、「スモールマルチプル」（特定の列に基づいてビジュアルを分割する）と呼ばれる設定が用意されています。スモールマルチプルを設定することで分析軸が追加されます。

　次に、スモールマルチプルの設定を追加します（表4-5、画面4-12）。

▼表4-5　ビジュアルにデータを追加する

No	プロパティ	設定値
❶	X軸	[日付テーブル] ⇒ [月]
❷	Y軸	[契約テーブル] ⇒ [契約金額の合計]
❸	凡例	[製品マスタ] ⇒ [製品名]
❹	スモールマルチプル	[製品マスタ] ⇒ [カテゴリー]

▼画面4-12

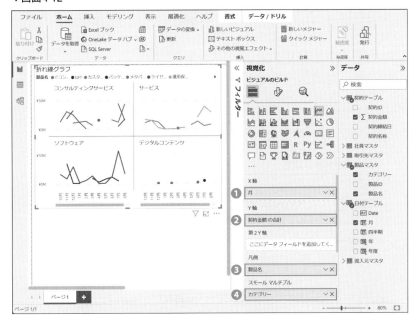

　以上が、折れ線グラフのビジュアルの基本操作です。ここから先は、各ビジュアルの［ビジュアルにデータを追加する］と［ビジュアルの書式設定］、必要に応じて［さらに分析をビジュアルに追加する］を設定し、ビジュアルでどのような可視化ができるか紹介していきます。

　設定や操作は数多くありますが、効果的な可視化ができるように1つずつ試しながら覚えていきましょう。

　操作しながら読んでいる場合は、次項の作業に移る前にウィンドウ下部の［+］アイコンをクリックして新しいページを追加しておいてください。それ以降の項に進むときも同様です。

■ 折れ線グラフおよび積み上げ縦棒グラフ　

　［折れ線グラフおよび積み上げ縦棒グラフ］❶を選択し、キャンバスにビジュアルを配置します（画面4-13）。次に、ビジュアルに分析対象のデータを設定します（表4-6）。

▼表4-6　ビジュアルにデータを追加する

No	プロパティ	設定値
❷	X軸	[日付テーブル] ⇒ [月]
❸	列のY軸	[契約テーブル] ⇒ [契約金額の合計]
❹	線のY軸	[契約テーブル] ⇒ [契約IDのカウント]
❺	列の凡例	[製品マスタ] ⇒ [カテゴリー]

次に、データを追加したビジュアルに対する書式設定を行います（表4-7）。

▼表4-7　ビジュアルの書式設定

タブ		設定値
ビジュアル	X軸	タイトル：オフ
	Y軸	タイトル：オフ
全般	タイトル	タイトル⇒テキスト：折れ線および積み上げ縦棒グラフ

▼画面4-13

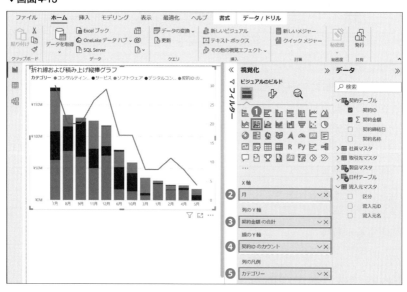

先ほど「折れ線グラフ」の項で説明したスモールマルチプル（112ページ）を設定すれば、折れ線グラフおよび積み上げ縦棒グラフのグラフィックをスモールマルチプルで表示できます（画面4-14）。

▼画面4-14

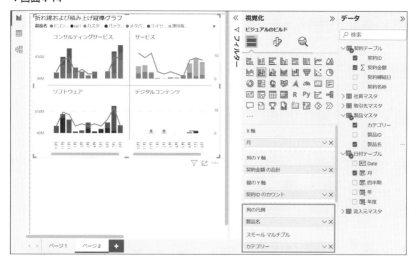

集合横棒グラフ、集合縦棒グラフ

[集合縦棒グラフ]❶を選択し、キャンバスにビジュアルを配置します（画面
4-15）。ビジュアルを配置したら、ビジュアルに分析対象のデータを設定します
（表4-8）。

▼表4-8　ビジュアルにデータを追加する

No	プロパティ	設定値
❷	X軸	［日付テーブル］⇒［四半期］
❸	Y軸	［契約テーブル］⇒［契約金額の合計］
❹	凡例	［製品マスタ］⇒［カテゴリー］

次に、データを追加したビジュアルに対する書式設定を行います（表4-9）。

▼表4-9　ビジュアルの書式設定

タブ		設定値
ビジュアル	X軸	タイトル：オフ
	Y軸	タイトル：オフ
全般	タイトル	タイトル⇒テキスト：集合棒グラフ

Chapter 4

▼画面4-15

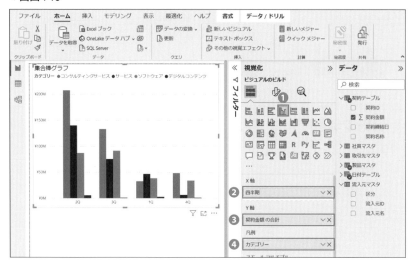

「折れ線グラフ」の項で説明したスモールマルチプル（112ページ）設定を行えば、集合棒グラフのグラフィックをスモールマルチプルで表示できます（画面4-16）。

▼画面4-16

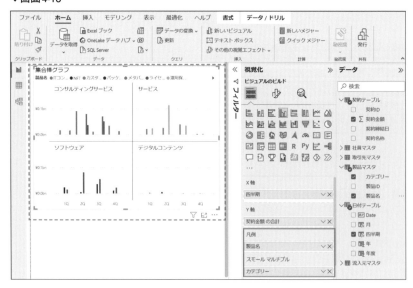

ウォーターフォール図

ウォーターフォール図では、設定する列データによって累積を表現したり、特定のデータ項目の増減をウォーターフォールで表現するなど可視化を使い分けることができます。

ウォーターフォール図（累積パターン）

［ウォーターフォール図］❶を選択し、キャンバスにビジュアルを配置します（画面4-17）。ビジュアルを配置したら、ビジュアルに分析対象のデータを設定します（表4-10）。

▼表4-10　ビジュアルにデータを追加する

No	プロパティ	設定値
❷	カテゴリ	［日付テーブル］⇒［四半期］
❸	Y軸	［契約テーブル］⇒［契約金額の合計］

次に、データを追加したビジュアルに対する書式設定を行います（表4-11）。

▼表4-11　ビジュアルの書式設定

タブ		設定値
全般	タイトル	タイトル⇒テキスト：ウォーターフォール図

▼画面4-17

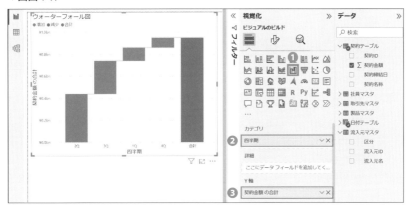

ウォーターフォール図（増減比較パターン）

次はウォーターフォールのビジュアル設定をしてみましょう。

続けて、ビジュアルに分析対象のデータを設定します（表4-12、画面4-18）。
［カテゴリ］プロパティは、ビジュアルの［…］❶⇒［昇順で並べ替え］❷をクリックしてから［並べ替え条件］❸⇒［四半期］❹を設定してください。

▼表4-12　ビジュアルにデータを追加する

プロパティ	設定値
カテゴリ	［日付テーブル］⇒［四半期］
詳細	［製品マスタ］⇒［カテゴリー］
Y軸	［契約テーブル］⇒［契約金額の合計］

次に、データを追加したビジュアルに対する書式設定を行います（表4-13）。

▼表4-13　ビジュアルの書式設定

タブ	設定値	
全般	タイトル	タイトル⇒テキスト：ウォーターフォール図

▼画面4-18

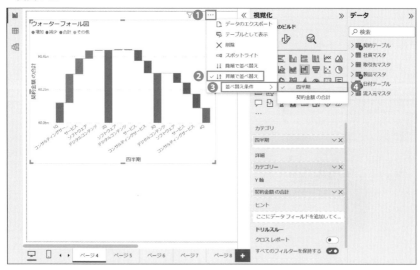

　以下の例では、比較軸を四半期単位として、第1、第2、第3、第4四半期の差引結果をウォーターフォールで表現しています（画面4-19）。

▼画面4-19

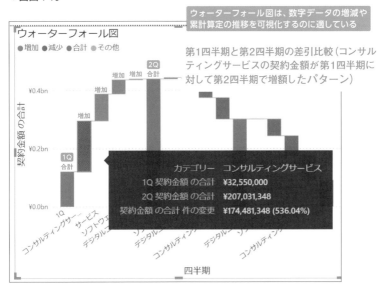

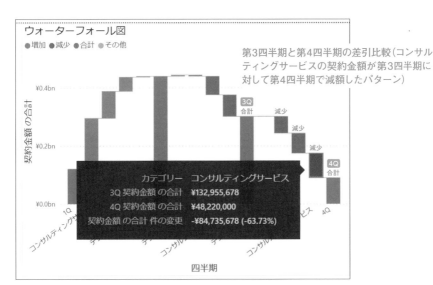

4-2 データの構成比を表示する

■ 円グラフ

　[円グラフ] ❶を選択し、キャンバスにビジュアルを配置します（画面4-20）。ビジュアルを配置したら、ビジュアルに分析対象のデータを設定します（表4-14）。

▼表4-14　ビジュアルにデータを追加する

No	プロパティ	設定値
❷	凡例	［流入元マスタ］⇒［流入元名］
❸	値	［契約テーブル］⇒［契約金額の合計］

　次に、データを追加したビジュアルに対する書式設定を行います（表4-15）。

▼表4-15　ビジュアルの書式設定

タブ		設定値
ビジュアル	凡例	タイトル：オフ
全般	タイトル	タイトル⇒テキスト：円グラフ

▼画面4-20

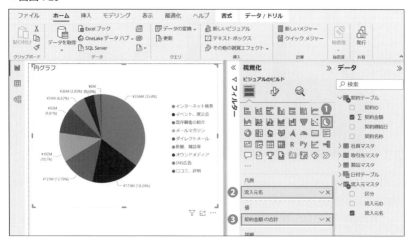

　円グラフの値は、[詳細ラベル]で[位置]を指定することで、ラベルを外側に置くか、内側に置くか選ぶことができます（表4-16、画面4-21）。[ラベルの内容]を指定すれば、さらに細かくラベルを制御することができます（表4-17）。

▼表4-16　ビジュアルの書式設定

タブ	設定値	
ビジュアル	詳細ラベル	オプション⇒位置：外側

▼画面4-21

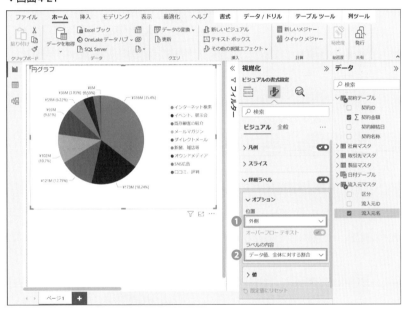

▼表4-17　[詳細ラベル]で指定可能な設定

位置	ラベルの内容	例
外側	データ値、全体に対する割合（既定値）	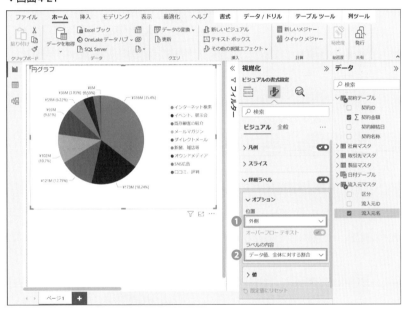

位置	ラベルの内容	例
外側	カテゴリ、全体に対する割合	
外側	すべての詳細ラベル	
内側	データ値、全体に対する割合	
内側	カテゴリ、全体に対する割合	
内側	すべての詳細ラベル	

円グラフで詳細構成を表示する

円グラフ❶のビジュアルに分析対象のデータに設定し、詳細構成を表示するようにします（表4-18、画面4-22）。

▼表4-18　ビジュアルにデータを追加する

No	プロパティ	設定値
❷	凡例	［流入元マスタ］⇒［流入元名］
❸	値	［契約テーブル］⇒［契約金額の合計］
❹	詳細	［製品マスタ］⇒［カテゴリー］

▼画面4-22

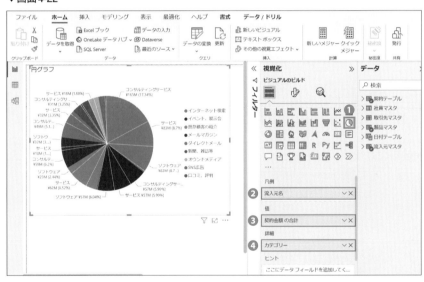

ドーナツグラフ

　[ドーナツグラフ] ❶を選択し、キャンバスにビジュアルを配置します（画面 4-23）。ビジュアルを配置したら、ビジュアルに分析対象のデータを設定します（表4-19）。

▼表4-19　ビジュアルにデータを追加する

No	プロパティ	設定値
❷	凡例	［流入元マスタ］⇒［流入元名］
❸	値	［契約テーブル］⇒［契約金額の合計］

　次に、データを追加したビジュアルに対する書式設定を行います（表4-20）。

▼表4-20　ビジュアルの書式設定

タブ		設定値
ビジュアル	凡例	タイトル：オフ
全般	タイトル	タイトル⇒テキスト：ドーナツグラフ

▼画面4-23

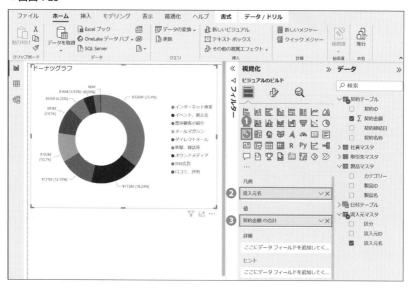

ドーナツグラフで詳細構成を表示する

続けて、ビジュアルに分析対象のデータを設定します（表4-21、画面4-24）。

▼表4-21 ビジュアルにデータを追加する

No	プロパティ	設定値
❶	凡例	［流入元マスタ］⇒［流入元名］
❷	値	［契約テーブル］⇒［契約金額の合計］
❸	詳細	［製品マスタ］⇒［カテゴリー］

▼画面4-24

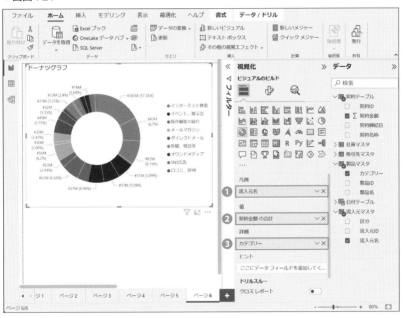

ビジュアルのテーマを変更してみよう Column

　ビジュアルのテーマはテンプレートが用意されており、いくつかの操作で簡単に変えることができます。レポートのイメージに合わせてテーマを変更し、効果的に訴求できるテーマを見つけてみましょう。

　［表示］❶ ⇒ ［テーマ］のプルダウン ❷ をクリックし、任意のテーマを選びます（画面4-25）。

▼画面4-25

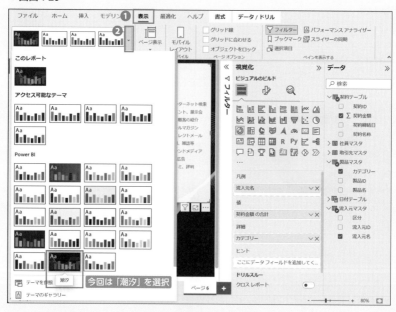

　テーマ変更後のビジュアルは、画面4-26のようにテーマが一括で変更されます。

　なお、ビジュアルの色彩は最初は自動で設定されるため、同じデータを別のビジュアルとして作成した場合、それぞれのビジュアルで同じデータなのに違う色になる場合もあります。

▼画面4-26

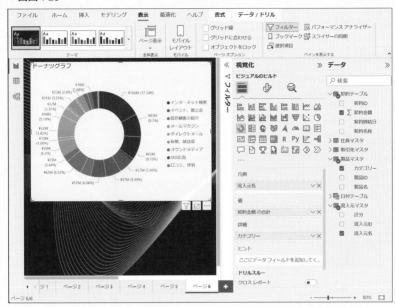

ツリーマップ

　[ツリーマップ] ❶を選択し、キャンバスにビジュアルを配置します（画面4-27）。ビジュアルを配置したら、ビジュアルに分析対象のデータを設定します（表4-22）。

▼表4-22　ビジュアルにデータを追加する

No	プロパティ	設定値
❷	カテゴリ	［流入元マスタ］⇒［流入元名］
❸	値	［契約テーブル］⇒［契約金額の合計］

　次に、データを追加したビジュアルに対する書式設定を行います（表4-23）。

▼表4-23　ビジュアルの書式設定

タブ		設定値
全般	タイトル	タイトル⇒テキスト：ツリーマップ

▼画面4-27

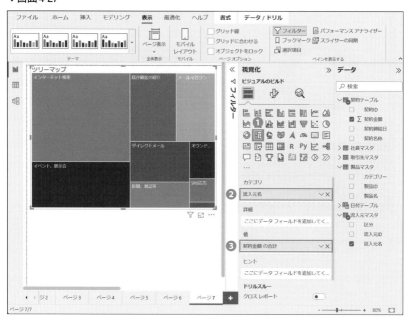

ツリーマップで詳細構成を表示する

　続けて、ビジュアルに分析対象のデータを設定していきます（表4-24、表4-25、画面4-28）。

▼表4-24　ビジュアルにデータを追加する

No	プロパティ	設定値
❶	カテゴリ	［流入元マスタ］⇒［流入元名］
❷	詳細	［製品マスタ］⇒［カテゴリー］
❸	値	［契約テーブル］⇒［契約金額の合計］

▼表4-25　ビジュアルの書式設定

タブ		設定値
ビジュアル	データラベル	オン
全般	タイトル	タイトル⇒テキスト：ツリーマップ

▼画面4-28

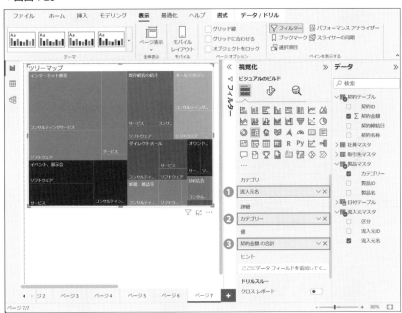

　操作しながら読んでいる場合は、ここでいったんファイルを保存します。2つ先の項（131ページ）で再びこのファイルを使用するので、閉じる必要はありません。

ファネル

　次に、ファネル用のPower BIレポートファイル（pbix）を読み込み、Power BI Desktopのビジュアルの使い方を学んでいきます。サンプルデータ（SampleData_Chapter4_Funnel.pbix）は本書のサポートページから事前にダウンロードしておいてください。

　[ファネル]❶を選択し、キャンバスにビジュアルを配置します（画面4-29）。ビジュアルを配置したら、ビジュアルに分析対象のデータを設定します（表4-26）。

▼表4-26　ビジュアルにデータを追加する

No	プロパティ	設定値
❷	カテゴリ	［ファネルデモテーブル］⇒［ファネル］
❸	値	［ファネルデモテーブル］⇒［契約名称のカウント］

▼画面4-29

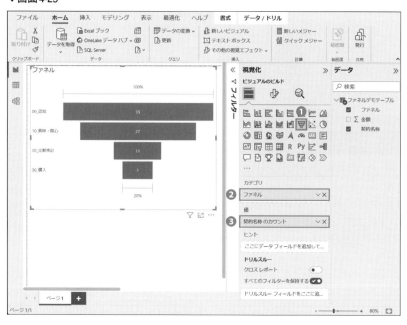

　次に、データを追加したビジュアルに対する書式設定を行います（表4-27、画面4-30）。

▼表4-27　ビジュアルの書式設定

No	タブ		設定値
❶		データレベル	オン
❷	ビジュアル	カテゴリレベル	オン
❸		コンバージョン率ラベル	オン
	全般	タイトル	タイトル⇒テキスト：ファネル

▼画面4-30

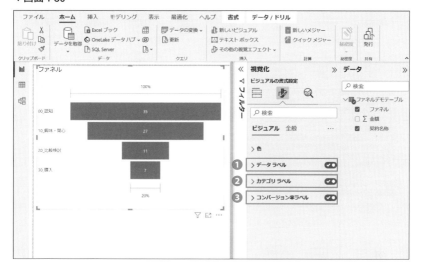

100%積み上げ横棒グラフ、100%積み上げ縦棒グラフ

　［100%積み上げ横棒グラフ］❶を選択し、キャンバスにビジュアルを配置します（画面4-31）。ビジュアルを配置したら、ビジュアルに分析対象のデータを設定します（表4-28）。

▼表4-28　ビジュアルにデータを追加する

No	プロパティ	設定値
❷	Y軸	［日付テーブル］⇒［月］
❸	X軸	［契約テーブル］⇒［契約金額の合計］
❹	凡例	［製品マスタ］⇒［カテゴリー］

　次に、データを追加したビジュアルに対する書式設定を行います（表4-29）。

▼表4-29　ビジュアルの書式設定

タブ		設定値
ビジュアル	X軸	タイトル：オフ
	Y軸	タイトル：オフ
全般	タイトル	タイトル⇒テキスト：100%積み上げ棒

▼画面4-31

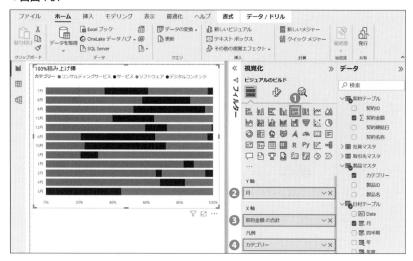

「折れ線グラフ」の項で説明したスモールマルチプル（112ページ）設定を行えば、100%積み上げ棒でもグラフィックをスモールマルチプルで表示できます（画面4-32）。

▼画面4-32

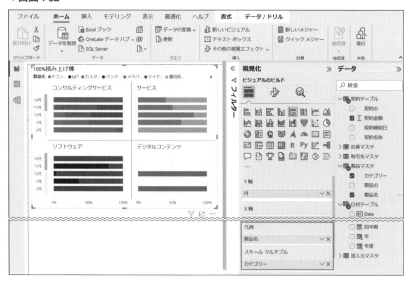

4-3　データの構成推移を表示する

面グラフ

　[面グラフ]❶を選択し、キャンバスにビジュアルを配置します（画面4-33）。
ビジュアルを配置したら、ビジュアルに分析対象のデータを設定します（表
4-30）。

▼表4-30　ビジュアルにデータを追加する

No	プロパティ	設定値
❷	X軸	［日付テーブル］⇒［月］
❸	Y軸	［契約テーブル］⇒［契約金額の合計］
❹	凡例	［製品マスタ］⇒［カテゴリー］

　次に、データを追加したビジュアルに対する書式設定を行います（表4-31）。

▼表4-31　ビジュアルの書式設定

タブ		設定値
ビジュアル	X軸	タイトル：オフ
	Y軸	タイトル：オフ
全般	タイトル	タイトル⇒テキスト：面グラフ

▼画面4-33

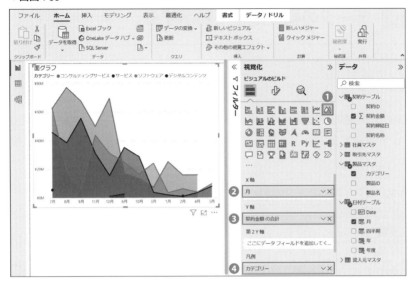

積み上げ面グラフ

　[積み上げ面グラフ]❶を選択し、キャンバスにビジュアルを配置します（画面4-34）。ビジュアルを配置したら、ビジュアルに分析対象のデータを設定します（表4-32）。

▼表4-32　ビジュアルにデータを追加する

No	プロパティ	設定値
❷	X軸	[日付テーブル] ⇒ [月]
❸	Y軸	[契約テーブル] ⇒ [契約金額の合計]
❹	凡例	[製品マスタ] ⇒ [カテゴリー]

　次に、データを追加したビジュアルに対する書式設定を行います（表4-33）。

▼表4-33　ビジュアルの書式設定

タブ		設定値
ビジュアル	X軸	タイトル：オフ
	Y軸	タイトル：オフ
全般	タイトル	タイトル⇒テキスト：積み上げ面グラフ

▼画面4-34

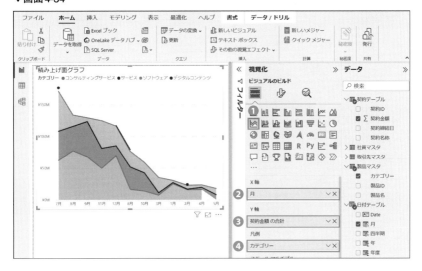

　「折れ線グラフ」の項で説明したスモールマルチプル（112ページ）設定を行え
ば、積み上げ面グラフのグラフィックをスモールマルチプルで表示できます（画
面4-35）。

▼画面4-35

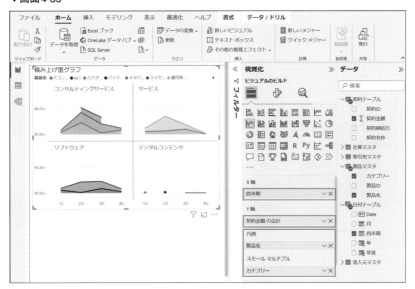

リボングラフ

　［リボングラフ］❶を選択し、キャンバスにビジュアルを配置します（画面4-36）。ビジュアルを配置したら、ビジュアルに分析対象のデータを設定します（表4-34）。

▼表4-34　ビジュアルにデータを追加する

No	プロパティ	設定値
❷	X軸	［日付テーブル］⇒［月］
❸	Y軸	［契約テーブル］⇒［契約金額の合計］
❹	凡例	［製品マスタ］⇒［カテゴリー］

　次に、データを追加したビジュアルに対する書式設定を行います（表4-35）。

▼表4-35　ビジュアルの書式設定

タブ		設定値
ビジュアル	X軸	タイトル：オフ
全般	タイトル	タイトル⇒テキスト：リボングラフ

▼画面4-36

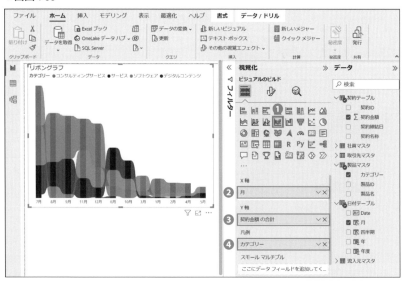

「折れ線グラフ」の項で説明したスモールマルチプル（112ページ）設定を行えば、リボングラフでもグラフィックをスモールマルチプルで表示できます（画面4-37）。

▼画面4-37

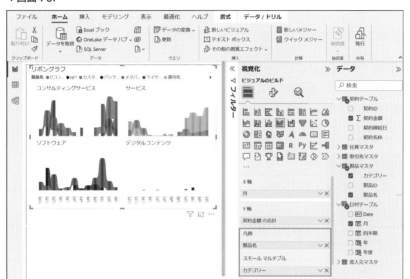

4-4　データを地域別に表示する

　Power BIの既定値では「マップ」と「塗り分け地図」の使用が無効化されているため、そのまま作業を進めるとエラーになってしまいます。エラーを回避するには、事前に設定を変更しておく必要があります。次のColumnを参考に設定を変更しておいてください。

Chapter 4

Power BIでマップと塗り分け地図ビジュアル を使用できるようにする

　Power BIの既定値ではマップと塗り分け地図ビジュアルの使用が無効化されています。ビジュアルを使用したい場合は、Power BI DesktopおよびPower BI Serviceそれぞれでオプション設定が必要です。

Power BI Desktopでマップと塗り分け地図を使用できるようにする

　Power BI Desktopを開き、[ファイル] ⇒ [オプションと設定] ❶をクリックします（画面4-38）。続けて [オプション] ❷をクリックします。

▼画面4-38

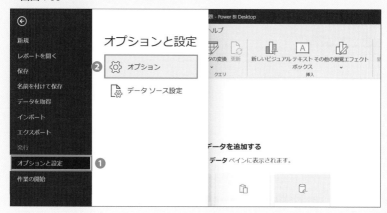

　[オプション] ダイアログで [グローバル] の [セキュリティ] ❶をクリックし、[地図と塗り分け地図の画像を使用する] ❷にチェックを入れ、[OK] ❸をクリックします（画面4-39）。

▼画面4-39

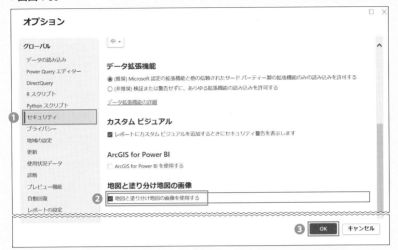

Power BI Serviceでマップと塗り分け地図を使用できるようにする

　Power BI Serviceで設定を行うには管理者権限が必要になりますが、Microsoft 365開発者プログラムのアカウントを使っていれば自身が管理者権限を保有するため、設定を変更ができます。自分が所属するテナントで同設定を行う場合は、組織の情報システム部門に相談してみてください。

　設定を変更するには、設定変更するには、まずPower BI Serviceにアクセスします。

● Power BI Service
URL https://app.powerbi.com/

　[…]⇒[設定]❶をクリックし、[設定] ダイアログの [ガバナンスと分析情報]⇒ [管理ポータル] ❷をクリックします (画面4-40)。なお、ブラウザの表示倍率によっては、[…] 内に [設定] がある場合があります。各環境に合わせて読み替えてください。

Chapter 4

▼画面4-40

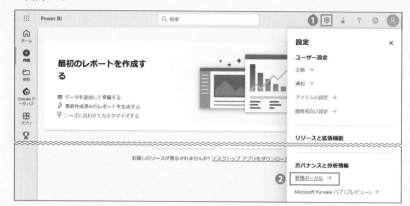

[管理ポータル] の [テナント設定] ❶をクリックします (画面4-41)。[地図と塗り分け地図の画像] の [有効化] ❷をオンに変更し、[適用] ❸をクリックします。

▼画面4-41

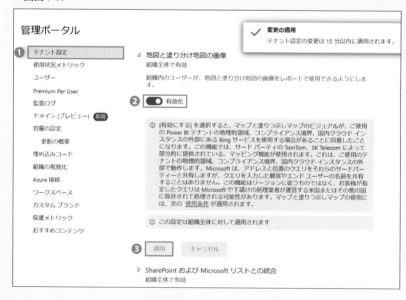

マップ

マップで使用する場所情報は、[住所] のデータ分類である必要があります。

場所情報を [住所] のデータ分類にするには、[テーブルビュー] ❶ ⇒ [取引先マスタ] ❷ ⇒ [所在地] ❸ を選択します (画面4-42)。次に、[データ分類] ❹ ⇒ [住所] ❺ をクリックします。

▼画面4-42

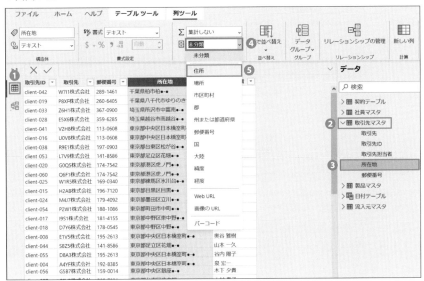

[レポートビュー] ❶ ⇒ [ビジュアルにデータを追加する] ❷ をクリックし、ビジュアル作成を再開します (画面4-43)。

[マップ] ❸ を選択し、キャンバスにビジュアルを配置します。ビジュアルを配置したら、ビジュアルに分析対象のデータを設定します (表4-36)。

▼表4-36　ビジュアルにデータを追加する

No	プロパティ	設定値
❹	場所	[取引先マスタ] ⇒ [所在地] (データ分類 [住所])
❺	凡例	[社員マスタ] ⇒ [業種]
❻	バブルサイズ	[契約テーブル] ⇒ [契約金額の合計]

▼画面4-43

　次に、データを追加したビジュアルに対する書式設定を行います。［ビジュアルの書式設定］❶をクリックし、次のように設定していきます（表4-37、画面4-44）。

▼表4-37　ビジュアルの書式設定

No	タブ		設定値
❷	ビジュアル	マップの設定	スタイル⇒スタイル：グレースケール
❸			コントロール⇒自動ズーム：オン
❹			コントロール⇒ズームボタン：オン
❺			コントロール⇒なげなわボタン：オン
	全般	タイトル	タイトル⇒テキスト：マップ

▼画面4-44

塗り分け地図

　塗り分け地図で使用する場所情報は、[州または都道府県]のデータ分類であ
る必要があります。

　場所情報を[州または都道府県]のデータ分類にするには、[テーブルビュー]
❶⇒[取引先マスタ]❷⇒[所在地]❸を選択します（画面4-45）。次に、[データ
分類]❹⇒[州または都道府県]❺をクリックします。

▼画面4-45

　［レポートビュー］❶⇒［ビジュアルにデータを追加する］❷をクリックし、ビジュアル作成を再開します（画面4-46）。
　［塗り分け地図］❸を選択し、キャンバスにビジュアルを配置します。ビジュアルを配置したら、ビジュアルに分析対象のデータを設定します（表4-38）。

▼表4-38　▼ビジュアルにデータを追加する

プロパティ	設定値
場所	［取引先マスタ］⇒［所在地］（データ分類［州または都道府県］）
凡例	［流入元マスタ］⇒［流入元名］

▼画面4-46

塗り分け地図やマップのズームを固定化したい場合は、[自動ズーム] を無効にすることで表示倍率を固定化することができます。

次に、データを追加したビジュアルに対する書式設定を行います（表4-39、画面4-47）。

▼表4-39　ビジュアルの書式設定

No	タブ		設定値
❷	ビジュアル	マップの設定	スタイル⇒スタイル：グレースケール
❸			コントロール⇒自動ズーム：オン
❹			コントロール⇒ズームボタン：オン
❺			コントロール⇒なげなわボタン：オン
	全般	タイトル	タイトル⇒テキスト：塗り分け地図

▼画面4-47

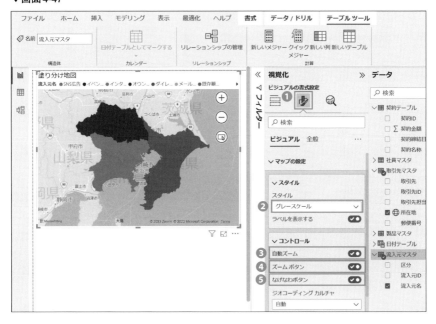

操作しながら読んでいる場合は、ここでいったんファイルを保存します。次節

の「分解ツリー」（148ページ）で、再びこのファイルを使用しますので、閉じる
必要はありません。

ヒントを使う

[ヒント] フィールドに [取引先マスタ.取引先] を設定します（画面4-48、
画面4-49）。これにより、地図上の各ポイントにカーソルを合わせると、
取引先企業名が表示されます。

▼画面4-48

▼画面4-49

4-5　データの相関関係を表示する

散布図

　ここでは、散布図用のPower BIレポートファイル（pbix）を読み込み、Power BI Desktopのビジュアルの使い方を学んでいきます。サンプルデータ（SampleData_Chapter4_Scattergram.pbix）を、本書のサポートページから事前にダウンロードしておいてください。

　［散布図］❶を選択し、キャンバスにビジュアルを配置します（次ページの画面4-51）。ビジュアルを配置したら、ビジュアルに分析対象のデータを設定します（表4-40）。

▼表4-40　ビジュアルにデータを追加する

No	プロパティ	設定値
❷	値	利用者数
❸	X軸	サイズの合計
❹	Y軸	価格の平均
❺	凡例	商品
❻	サイズ	利用者数の合計

　Y軸を設定する際は、［価格］をドロップしたあとに、［価格の合計］の下向き不等号（∨）のメニューから［平均］を選択します（画面4-50）。

▼画面4-50

次に、データを追加したビジュアルに対する書式設定を行います（表4-41）。

▼表4-41　ビジュアルの書式設定

タブ	設定値	
全般	タイトル	タイトル⇒テキスト：散布図

▼画面4-51

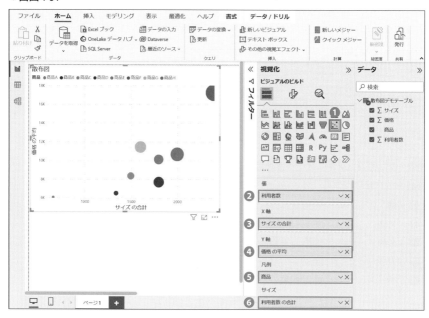

操作しながら読んでいる場合は、ここでこのファイルを閉じてかまいません。

分解ツリー

ここからは、再びサンプルデータ（SampleReport_Chapter4.pbix）を使っていきます。

［分解ツリー］❶を選択し、キャンバスにビジュアルを配置します（画面4-52）。ビジュアルを配置したら、ビジュアルに分析対象のデータを設定します（表4-42）。

▼表4-42　ビジュアルにデータを追加する

No	プロパティ	設定値
❷	分析	[契約テーブル] ⇒ [契約金額の合計]
❸	説明	[製品マスタ] ⇒ [カテゴリー]
❹	説明	[製品マスタ] ⇒ [製品名]
❺	説明	[社員マスタ] ⇒ [本部]

　分解ツリーのビジュアルでは、分解したい要素（金額の増加を軸にした分解か、減少を軸にした分解など）を操作して、ツリーを展開することができます。

　今回は［+］❻⇒［高値］❼をクリックしています（画面4-52）。

▼画面4-52

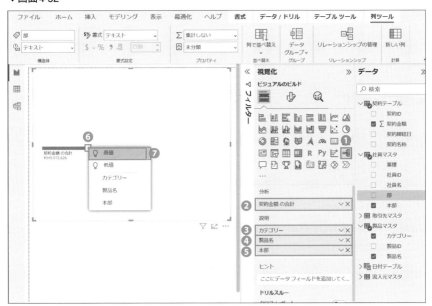

　さらに［+］❶⇒［高値］❷をクリックし、分解ツリーを展開します（画面4-53）。

▼画面4-53

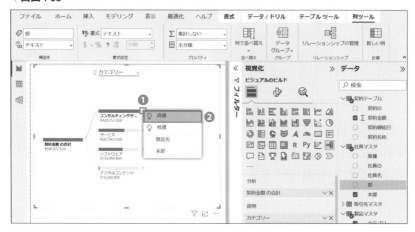

　このように分解したい要素を繰り返し展開することで分析を深堀りすることができます（画面4-54）。

▼画面4-54

主要なインフルエンサー

　Power BIにおける「主要なインフルエンサー」とは、分析対象データに影響、関与する関連データの要因を可視化するPower BIの視覚化の1つです。分析対

象データに影響、関与するデータの大きさや相対的な位置関係を重要度別に比較表示し表現することができます。

　［主要なインフルエンサー］❶を選択し、キャンバスにビジュアルを配置します（画面4-55）。ビジュアルを配置したら、ビジュアルに分析対象のデータを設定します（表4-43）。

　［分析］を設定する際は、［契約ID］をドロップしたあとに、［契約ID］の下向き不等号（∨）のメニューから［カウント］を選択します。

▼表4-43　ビジュアルにデータを追加する

No	プロパティ	設定値
❷	分析	［契約テーブル］⇒［契約IDのカウント］
❸	説明	［契約テーブル］⇒［契約金額の合計］
❹	説明	［社員マスタ］⇒［業種］
❺	説明	［社員マスタ］⇒［本部］
❻	説明	［製品マスタ］⇒［カテゴリー］

▼画面4-55

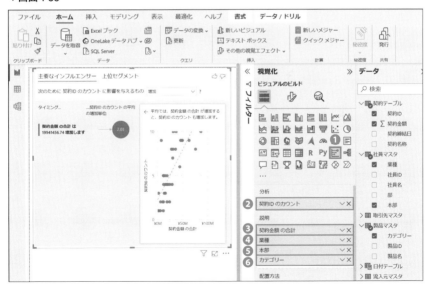

　主要なインフルエンサーでは、分析対象の要素に影響を与える要素分析以外に、影響力の上位グループ（上位セグメント）に焦点を当てた分析も可能です。

　［上位セグメント］タブ**①**をクリックし、表示されたセグメント**②**をクリックすると要素を展開できます（画面4-56）。セグメントの要素を展開するとセグメントの上位を占める各要素を確認できます（画面4-57）。

▼画面4-56

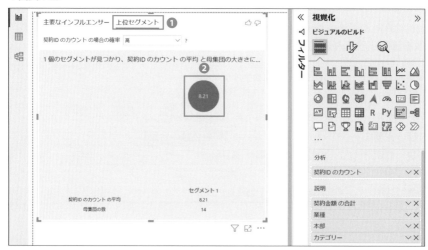

▼画面4-57

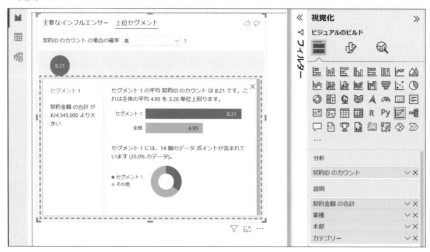

4-6 データを一覧する／カードで表示する

カード

［カード］❶を選択し、キャンバスにビジュアルを配置します（画面4-58）。ビジュアルを配置したら、ビジュアルに分析対象のデータを設定します（表4-44）。

▼表4-44　ビジュアルにデータを追加する

No	プロパティ	設定値
❷	フィールド	［契約テーブル］⇒［契約金額の合計］

▼画面4-58

複数の行カード

［複数の行カード］❶を選択し、キャンバスにビジュアルを配置します（画面4-59）。ビジュアルを配置したら、ビジュアルに分析対象のデータを設定します（表4-45）。

153

［取引先］と［契約ID］を設定する際は、それぞれをドロップしたあと、下向き不等号（∨）のメニューから［カウント］を選択します。

▼表4-45　ビジュアルにデータを追加する

No	プロパティ	設定値
❷	フィールド	［取引先マスタ］⇒［取引先のカウント］
❸	フィールド	［契約テーブル］⇒［契約IDのカウント］
❹	フィールド	［契約テーブル］⇒［契約金額の合計］

▼画面4-59

KPI

KPIはターゲット（目標値）に対する未達、達成を可視化するビジュアルであるため、目標値が必要になります。業務上は組織や部門別予算が設定されていると思いますが、ここでは便宜上、目標値を固定値で準備し、新しいメジャーを使って説明します。

［KPI］❶を選択し、キャンバスにビジュアルを配置します（画面4-60）。次に、［データ］ペインの［契約テーブル］❷を右クリックし、表示されたメニューから［新しいメジャー］❸をクリックします。

▼画面4-60

　メジャーの数式バーが表示されます（画面4-61）。数式バーに、以下の式を入力して「目標値」メジャーを作成します。このメジャーは［ターゲット］プロパティの設定で使用します。

目標値=100000000

▼画面4-61

　次に、ビジュアルに分析対象のデータを設定します（表4-46、画面4-62）。

▼表4-46　ビジュアルにデータを追加する

No	プロパティ	設定値
❶	値	［契約テーブル］⇒［契約金額の合計］
❷	トレンド軸	［製品マスタ］⇒［製品名］
❸	ターゲット	［契約テーブル］⇒［目標値］

▼画面 4-62

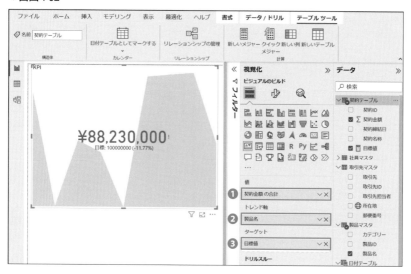

テーブル

　［テーブル］❶を選択し、キャンバスにビジュアルを配置します（画面4-63）。
ビジュアルを配置したら、ビジュアルに分析対象のデータを設定します（表
4-47）。

▼表4-47　ビジュアルにデータを追加する

No	プロパティ	設定値
❷	列	［取引先マスタ］⇒［取引先］
		［契約テーブル］⇒［契約名称］
		［日付テーブル］⇒［年］
		［日付テーブル］⇒［月］
		［契約テーブル］⇒［契約金額の合計］
		［製品マスタ］⇒［製品名］
		［社員マスタ］⇒［社員名］

　次に、ビジュアルに分析対象のデータを設定します（表4-48）。

▼表4-48　ビジュアルの書式設定

タブ		設定値
ビジュアル	セル要素	［契約テーブル］⇒［契約金額の合計］⇒データバー：オン

▼画面4-63

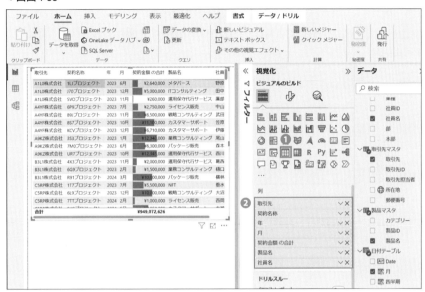

マトリックス

［マトリックス］❶を選択し、キャンバスにビジュアルを配置します（画面4-64）。ビジュアルを配置したら、ビジュアルに分析対象のデータを設定します（表4-49）。

設定直後は階層が折りたたまれていますが、［階層下で1レベル下をすべて展開します］アイコン（❻）を2回クリックすると、画面4-64のような表示になります。

Chapter 4

▼表4-49　ビジュアルにデータを追加する

No	プロパティ	設定値
❷	行	［社員マスタ］⇒［本部］
❸	行	［社員マスタ］⇒［業種］
❹	行	［製品マスタ］⇒［カテゴリー］
❺	値	［契約テーブル］⇒［契約金額の合計］

▼画面4-64

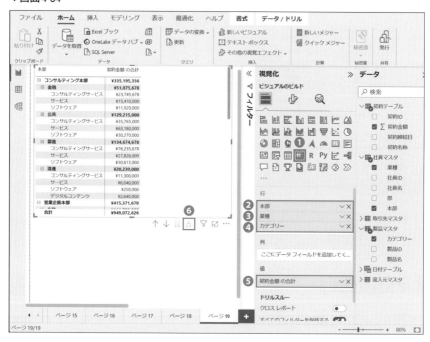

次に、ビジュアルに分析対象のデータを設定します（表4-50、画面4-65）。

［データ］ペインの［契約テーブル］❶の［>］をクリックして中身を展開し、［Σ 契約金額］❷のチェックボックスにチェックを入れます。［ビジュアルの書式設定］ の［ビジュアル］タブの［設定を適用する］プロパティの［系列］に「契約金額の 合計」❸を指定し、［データバー］❹はオンに設定します。

▼表4-50　ビジュアルの書式設定

タブ		設定値
ビジュアル	セル要素	［契約テーブル］⇒［契約金額の合計］⇒データバー：オン

▼画面4-65

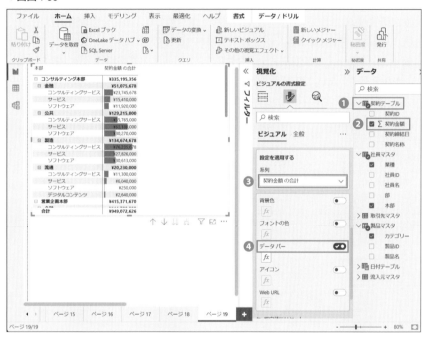

セル要素

マトリックスおよびテーブルのビジュアルには、「セル要素」という数字
データに基づく効果を設定することができます。セル要素のプロパティは
ビジュアルで使用する列ごとにセル要素を設定することができます。セル要素で
書式設定するには、[系列]で任意の系列（本手順では[契約金額の合計]）を選
択し、以下の書式（背景色、データバー、アイコン）のオン、オフを設定します（画
面4-66、画面4-67、画面4-68）。なお、ここで説明してきた操作では、値を1つ
しか設定していないため、[系列]の選択肢は[契約金額の合計]だけです。たと
えば[契約金額のカウント]という値を追加した場合は、それもここで選択でき
るようになります。

█ 背景色

▼画面4-66

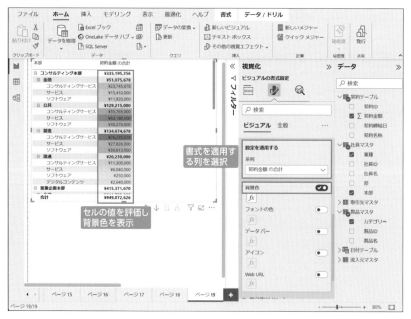

■ データバー

▼画面4-67

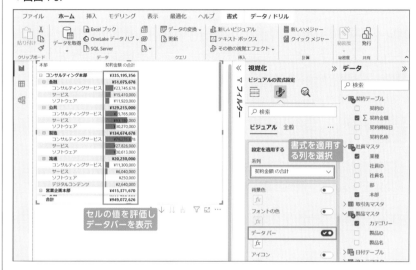

セルの値を評価し
データバーを表示

■ アイコン

▼画面4-68

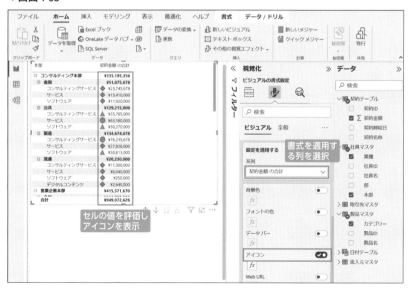

セルの値を評価し
アイコンを表示

Chapter 4

ドリルダウン、ドリルアップを使ってデータ分析を強化する

　Power BIには、階層構造のデータ分析をサポートする機能として、「ドリルダウン」「ドリルアップ」が提供されています。これらの機能を使用することで、ビジュアル内のデータを階層別に表示を切り替えることができます。

　階層構造を持つデータとして、日付、地理、組織などがあります。図4-1は組織データをドリルダウン（詳細化）、ドリルアップ（集約）しているイメージ図です。

- 日付データ：年＞四半期＞月＞日
- 地理データ：国＞都道府県＞市町村

▼図4-1　組織データをドリルダウン、ドリルアップしているイメージ図

4つのドリルコントロール

　階層化されたデータを使うビジュアルをPower BIで扱う場合、ビジュアルの下部にドリルコントロールが表示されます（画面4-69）。4つの記号の意味を表4-51に示します。

▼画面4-69

▼表4-51　4つのドリルコントロール

No	コントロール		説明
❶	↑	ドリルアップ	階層内の上のレベルへ移動
❷	↓	ドリルダウン （オン：⬇、オフ：↓）	クリックでオン／オフを切り替える。オンのとき、背景がグレー表示になる。オンの状態でビジュアル内のデータをクリックすると、クリックしたデータの階層で1レベル下のデータを展開する
❸	↓↓	階層内の下のレベルへ移動	階層内の下のレベルへ移動
❹	⤵	階層内で1レベル下をすべて展開	現在の階層の1レベル下の階層をすべて展開

ドリルダウン

　データをより詳細な階層レベルまで深堀りして分析する方法です。年単位では可視化されない傾向を四半期、月の単位にドリルダウンし、問題の原因を特定したいときに使用します。

例 売上分析時にドリルダウンを使用して、売上データを年、月、日ごとに細かく確認し、どの時期にどの商品が売れているのかを把握し、在庫管理や販売戦略を立てるなど

　今回はマトリックスのビジュアルと、本文で使用しているサンプルデータを使用してドリルダウン機能を試してみましょう。

　ドリルダウンを行うには、はじめにドリルダウンのモードをクリックし、ドリルダウンモードをオンにします（画面4-70）。

▼画面4-70

ビジュアル内のデータをクリックします。今回は「営業企画本部」をクリックします（画面4-71）。

▼画面4-71

クリックした階層データの1レベル下の階層データが表示されました。さらにドリルダウンを続けます。

表示された1レベル下の階層データをクリックします（画面4-72）。

▼画面4-72

「金融」業種の1レベル下の階層データが表示されました（画面4-73）。

▼画面4-73

　ここまで説明してきたビジュアル内の特定データに絞ってドリルダウンする方法の他に、階層単位でドリルダウンする方法も用意されています。この操作はドリルダウンモードがオン／オフいずれの状態でも操作できます。

　[ドリルアップ] ❶を複数回クリックし、最上位階層まで戻ります（画面4-74）。その後、[階層内の次のレベルへ移動] ❷をクリックします。

▼画面4-74

本部	契約金額 の合計
⊞ コンサルティング本部	¥335,195,356
⊞ 営業企画本部	¥415,371,670
⊞ 営業本部	¥198,505,600
合計	**¥949,072,626**

❶ ❷

　すべてのデータが1レベル下の階層データに切り替わります（画面4-75）。さらに [階層内の次のレベルへ移動] をクリックします。

▼画面4-75

業種 契約金額 の合計	
金融	¥208,841,278
公共	¥313,610,670
製造	¥304,379,678
流通	¥122,241,000
合計	**¥949,072,626**

　すべてのデータが1レベル下の階層データに切り替わり、最下層の階層データまでドリルダウンできました（画面4-76）。

　このように、特定データを軸にドリルダウンしたり、階層を軸にドリルダウンすることができます。また、階層データでドリルダウン後、特定データを軸にドリルダウンすることもできます。

▼画面4-76

カテゴリー	契約金額 の合計
コンサルティングサービス	¥420,757,026
サービス	¥267,961,000
ソフトウェア	¥250,094,600
デジタルコンテンツ	¥10,260,000
合計	**¥949,072,626**

Chapter 4

　ドリルダウンを活用すれば、より詳細な分析が可能になります。積極的に活用しましょう。

ドリルアップ

　ドリルアップは、データをより高い階層レベルで集計し、全体像を把握する方法です。データをシンプルにまとめ、複雑なデータを短時間で分析でき、ビジネス全体の状況を素早く理解したいときに使用します。

例 複数の店舗の売上を横断分析する際、ドリルアップを使って、全店舗の売上データをまとめて表示し、全体の売上状況を把握し、会社全体の販売戦略を立てたり、新たな店舗開設の計画を進めるなど

　前の手順で最下層までドリルダウンしたビジュアルに対して、ドリルアップを行います。

　[ドリルアップ]をクリックします（画面4-77）。

▼画面4-77

カテゴリー	契約金額 の合計
コンサルティングサービス	¥420,757,026
サービス	¥267,961,000
ソフトウェア	¥250,094,600
デジタルコンテンツ	¥10,260,000
合計	**¥949,072,626**

　すべてのデータが1レベル上の階層データに切り替わります。さらに[ドリルアップ]をクリックします（画面4-78）。

▼画面4-78

業種	契約金額 の合計
金融	¥208,841,278
公共	¥313,610,670
製造	¥304,379,678
流通	¥122,241,000
合計	**¥949,072,626**

すべてのデータが1レベル上の階
層データに切り替わり、最上層の階
層データまでドリルアップできまし
た (画面4-79)。

▼画面4-79

本部	契約金額 の合計
⊞ コンサルティング本部	¥335,195,356
⊞ 営業企画本部	¥415,371,670
⊞ 営業本部	¥198,505,600
合計	**¥949,072,626**

ドリルスルー

マトリックスで使える機能としてドリルダウン、ドリルアップを説明してき
ましたが、そのほかに「ドリルスルー」という機能もあります。ドリルスルーは、
あるデータから関連する別のデータを表示する方法です。

AレポートのBビジュアル内でCデータをクリック (フィルター状態) を指定
した状態で、ドリルスルーを呼び出すと、Cデータのフィルター情報を引き継
いで、Bレポートの関連するビジュアルが表示されされます。

事前作業としては、関連元のレポートおよびビジュアルの設定、関連先のレ
ポートおよびビジュアルの設定を行い、関連元レポートのドリルスルー設定に
関連先レポートを指定することでドリルスルーが有効になります。

ドリルスルーの詳細については、次のMicrosoft公式サイトを参照してくだ
さい。

● Power BIレポートでドリルスルーを設定する (Microsoft Learn)
URL https://learn.microsoft.com/ja-jp/power-bi/create-reports/
desktop-drillthrough

Chapter 4

4-7　データの絞り込み、要約、問い合わせを行う

スライサー

　[スライサー]❶を選択し、キャンバスにビジュアルを配置します（画面4-80）。
　スライサーでは、対象列とビジュアルの書式設定を組み合わせて、さまざまな
絞り込みを実行するビジュアルを作ることができます。ビジュアルを配置したら、
ビジュアルに分析対象のデータを設定します（表4-52）。

▼表4-52　ビジュアルにデータを追加する

No	プロパティ	設定値
❷	フィールド	[契約テーブル] ⇒ [契約金額]

▼画面4-80

[スライサーの設定] で指定可能なスタイル

　スライサーのビジュアルの書式設定で、[スライサーの設定] ⇒ [オプション]
⇒ [スタイル] を指定するとビジュアルを変更できます（表4-53）。数値データの
場合はいずれのスタイルも設定できます。文字列データの場合は、3種類ある一

覧形式（バーティカルリスト、ドロップダウン、タイル）を選択できます。

▼表4-53　［スライサーの設定］で指定可能なスタイル

スタイル	利用シーン	イメージ
バーティカルリスト	テキスト形式の一覧から対象を選択して絞り込みを行う	本部 □ コンサルティング本部 □ 営業企画本部 □ 営業本部
ドロップダウン	ドロップダウン形式の一覧から対象を選択して絞り込みを行う	本部 すべて □ コンサルティング本部 □ 営業企画本部 □ 営業本部
タイル	タイル形式の一覧から対象を選択して絞り込みを行う	本部 コンサルティング本部　　営業本部 営業企画本部
指定の値の間	「●〜●」のように特定範囲を指定して絞り込みを行う	契約金額 ¥200,000　¥16,500,000
以下	「●以下」のように特定範囲を指定して絞り込みを行う	契約金額 ¥200,000　¥16,500,000
以上	「●以上」のように特定範囲を指定して絞り込みを行う	契約金額 ¥200,000　¥16,500,000

Chapter 4

スライサーで単一選択と複数選択を使い分ける

スライサーのスライサー設定には単一選択と複数選択の2つの方法があ
りますが、それぞれの使い分けやユースケースについて解説します。

単一選択

スライサー内の値から1つだけ選ぶことができる選択方法です。特定のデータポ
イントに焦点を当てたい場合に適しています。たとえば、売上データを分析する
際に特定の製品カテゴリの売上だけを表示したい場合、単一選択スライサーを使
用すると、選択した製品カテゴリに関連するデータだけが表示され、他のカテゴ
リのデータは非表示になります。

複数選択

スライサー内の複数の値を選択できる選択方法です。複数のデータポイントを比
較したい場合や、特定のグループのデータを分析したい場合に適しています。た
とえば、売上データを分析する際に複数の地域の売上を比較したい場合、複数
選択スライサーを使用すると、選択した地域のデータがまとめて表示され、比較
分析が容易になります。

単一選択と複数選択の使い分けは、分析の目的によって決まります。単一選択
は、特定のデータポイントに焦点を当てる場合に適しています。一方、複数選択
は、複数のデータポイントを比較する場合や、特定のグループのデータを分析す
る場合に適しています。分析の目的に応じて、適切な選択方法を選ぶことが重要
です。スライサービジュアルを使いこなして、効果的なデータ分析を行いましょ
う。

選択を切り替える際は、［スライサー］の［ビジュアルの書式設定］❶⇒［スライ
サーの設定］❷⇒［選択項目］❸をクリックします（画面4-81）。
複数選択の場合は、［単一選択］❹をオフにします（オフは既定値です）。

▼画面4-81

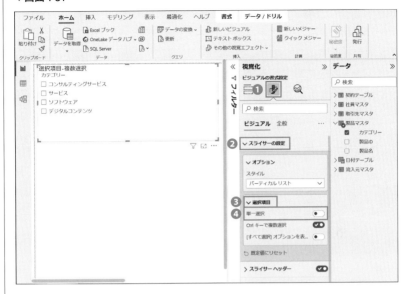

単一選択の場合は、[単一選択]をオンにします（画面4-82）。

▼画面4-82

スマート説明

「スマート説明」のビジュアルは、キャンバス内にある各ビジュアルデータを分析し、要約を説明文として表示してくれます。

このビジュアルを使用するときは、キャンバスにビジュアルを配置してある状態で、かつ、どのビジュアルも選択していない状態で、［スマート説明］❶を選択します（画面4-83）。ここでは例として、ウォーターフォール図、マップ、積み上げ横棒グラフ、ドーナツグラフを配置してから、スマート説明ビジュアルを挿入しています。

▼画面4-83

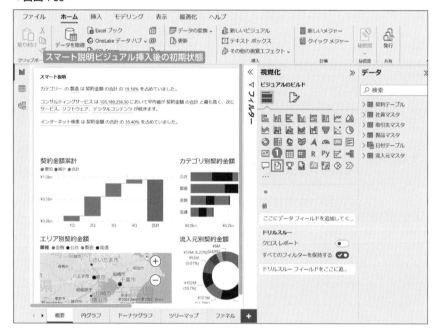

なお、対応できるビジュアルがキャンバスに存在しない場合は、「概要がみつかりませんでした。選択したビジュアルのどの概要作成もまだサポートされていません。」というメッセージが表示されます。この場合、スマート説明ビジュアルは使用できません。いくつかのビジュアルを改めて配置し、再度スマート説明ビジュアルを挿入してみてください。

　また、スマート説明ビジュアルはクロスフィルター機能にも対応しています。たとえば、ビジュアル内の特定の要素をクリック（❷）すると、スマート説明ビジュアルも連動し、要約の内容を更新してくれます（画面4-84）。

▼画面4-84

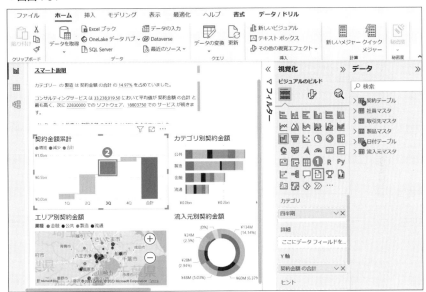

Q&A

　［Q&A］❶を選択し、キャンバスにビジュアルを配置します（画面4-85、画面4-86）。Q&Aビジュアルはキャンバス挿入するだけで設定が完了します。
　表示された選択肢から質問❷すると、テーブル内にあるデータを分析し、その結果を表やグラフとして表示してくれます。

▼画面4-85

▼画面4-86

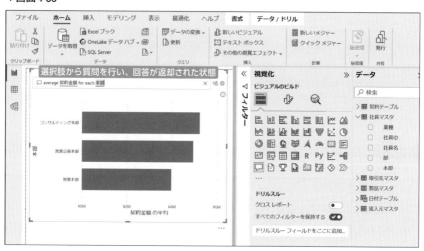

Chapter 5

DAXリファレンス

本Chapterでは、データ分析を拡張するデータ解析言語「DAX」について、目的別リファレンスの形式で紹介します。

5-1 計算列とメジャー

　Power BIから接続した各データソースのデータだけでは分析が不足する場合、Power BI上で取得したデータをもとに四則演算などの計算や集計を行って新規列（以降、計算列）や、既存のデータに基づいてデータの集計値や計算値（以降、メジャー）を作成し、分析対象データに含めることができます。このとき計算列やメジャーは、Power BIの内部的なデータとして使われるだけで、既存のデータソースを更新することはありません。このため安心してデータ分析を行うことができます。

　計算列とメジャーを使いこなすには、Data Analysis Expressions（以降、DAX）と呼ばれるデータを解析するための言語を覚える必要があります。言語と聞くと小難しい印象を持たれるかもしれません。イメージしやすい例を出すと、Excel関数のように取得データの範囲を定めて、計算条件、データの表示形式を指定したりできるのがDAXだと思っていただいてかまいません。

　厳密には、DAXはデータ解析言語であるため、Excel関数とは次元の異なる高度な機能を持つ言語ですが、大まかに捉えて読み進めてみてください。DAXの詳細を知りたい方は、以下の公式ドキュメントを参照してください。

- DAXの公式ドキュメント（Microsoft Learn）
  URL https://learn.microsoft.com/ja-jp/dax/

　計算列とメジャーは、どちらもDAXを使ってデータ解析を行うときに使われますが、役割や使い方が異なります。ここでは、計算列とメジャーの違いを説明します（表5-1）。

▼表5-1　計算列とメジャーの違い

項目	計算列	メジャー
概要	既存のデータに基づいてテーブルビューのテーブルに新しい列を作成する	既存のデータに基づいてデータの集計値や計算値を保持する
管理場所	テーブルビューのテーブル上で列として管理される	テーブルビューのテーブル上で値として管理される
使用方法	テーブルビュー上で列や値を確認できる	テーブルビュー上では直接値を確認できない
データの更新契機	取得データが更新されるたびに計算が行われる	表示されるビジュアルによって動的に自動計算が行われる
利用シーンの例	商品の単価列と数量列がある場合、その2つのデータ列を掛け算して［売上金額］を算出する新しい列を作成する	売上金額の合計や平均を求める場合に、メジャーを使って集計する

■ サンプルデータを読み込む

　本Chapterでもあらかじめ用意したpbixサンプルデータを使用して、DAXを学んでいきましょう。サンプルデータ（SampleReport_Chapter5.pbix、SampleData_Chapter5.xlsx）は本書のサポートページから事前にダウンロードしておいてください。

　サンプルデータの全体構成は画面5-1のようになっています。「契約テーブル」「製品マスタ」「流入元マスタ」「社員マスタ」「取引先マスタ」「日付テーブル」からなるスタースキーマ構成です。

　では早速ダウンロードしたpbixをダブルクリックし、Power BI Desktopを起動し、学習を開始していきましょう！

▼画面5-1

5-2　計算列の基本

この節では、DAXを使った計算列の使い方を3つ例に挙げて説明します。

- 2列を使用して乗算する計算列の作成
- 関数を使った計算列の作成
- 条件式を使った条件付きの計算列の作成

2列を使用して乗算する計算列の作成

ここでは契約テーブルの[契約金額]列に[0.1]を掛けて新たな[利益]の列を作成してみましょう。

Power BI Desktopで[テーブルビュー]❶をクリックします（画面5-2）。[契約テーブル]❷をクリックし、[テーブルツール]❸⇒[新しい列]❹をクリックします。

▼画面5-2

数式バー❺に次のDAX式を入力し、[✓]（コミット）❻をクリックします。

```
利益 = [契約金額]*0.1
```

計算列［利益］が追加されたことを確認します（画面5-3）。

▼画面5-3

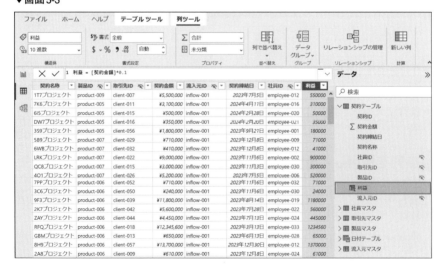

作成した計算列［利益］❶に対して、列ツール❷の通貨記号❸のメニューで［¥日本語 (日本)］❹を選択して日本通貨型に変更します (画面5-4)。

▼画面5-4

この手順でデータ列の積を計算列として追加することができました。

Chapter 5

DAXで使用できる演算子　Column

Power BIのDAXでは、さまざまな演算子を使用してデータを計算したり、条件に応じた処理を行ったりすることができます。DAXで使用できる演算子としては、算術演算子、比較演算子、論理演算子、文字列連結演算子があります。

算術演算子は、数値データに対して四則演算や剰余計算を行うために使用されます。

比較演算子は、データ同士を比較して、真偽値 (TRUEまたはFALSE) を返します。

論理演算子は、真偽値を組み合わせて新たな真偽値を生成します。

　文字列連結演算子は、文字列同士を結合して新たな文字列を生成します。
DAXで使用できる主な演算子は、表5-2のとおりです。

▼表5-2　DAXで使用できる主な演算子

演算子の種類	演算子	意味
算術演算子	+	加算
	−	減算
	*	乗算
	/	除算
	^ (キャレット)	累乗
比較演算子	=	等しい
	<>	等しくない
	>	より大きい
	<	より小さい
	>=	以上
	<=	以下
論理演算子	&&	AND条件
	||	OR条件
文字列連結演算子	&	文字列連結

　これらの演算子を組み合わせることで、DAXでさまざまな計算や条件分岐
を行うことができます。DAXを使いこなすことで、データ解析を効率的に行
い、ビジネス上の課題解決に役立てることができます。演算子の使い方を理
解し、DAX式を作成する際に活用してみましょう。
　すべての演算子を確認する場合、Microsoftの公式サイトを参照してくだ
さい。

● DAX演算子 (Microsoft Learn)
　URL https://learn.microsoft.com/ja-jp/dax/dax-operator-reference

関数を使った計算列の作成

DAXが提供している関数を使えば、文字列の結合や数値の丸め処理などの
データ加工が簡単にできます。以下では、年月日を含むデータから年や月、曜日
を抽出して新しい列を作成する手順を紹介します。

[テーブルビュー]❶で[日付テーブル]❷をクリックしてから、[テーブルツー
ル]❸⇒[新しい列]❹をクリックします(画面5-5)。

▼画面5-5

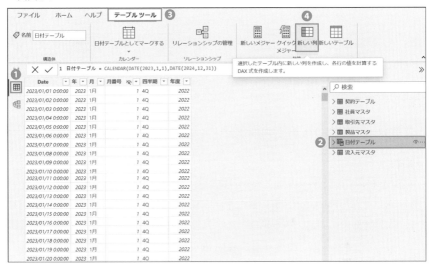

数式バー❶に次のDAX式を入力し、[✓]❷をクリックします(画面5-6)。

```
サンプル年 = YEAR([Date])
```

Chapter 5

▼画面5-6

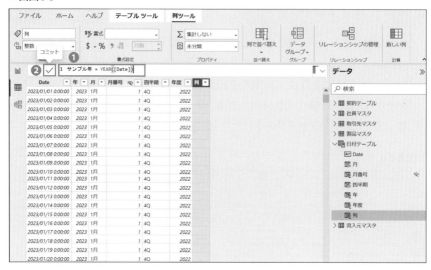

計算列［サンプル年］が追加されたことを確認します（画面5-7）。

▼画面5-7

DAXでよく使用される関数

　Power BIのDAXでは、さまざまな関数を使用してデータ解析を行うことができます。このColumnでは、DAXでよく使う関数をカテゴリ別にまとめました。これらの関数を活用し、データ解析を効果的に進めてください。

1. **集計関数**

　　SUM …… 数値列の合計を計算します。

　　AVERAGE …… 数値列の平均を計算します。

　　COUNT …… 指定した列内の空白以外の値を含む行数をカウントします。

　　MIN …… 列の最小値を求めます。

　　MAX …… 列の最大値を求めます。

2. **日付と時刻関数**

　　DATE …… 指定された年、月、日から日付データを生成します。

　　CALENDAR …… 指定された開始日と終了日の間の日付テーブルを作成します。

　　EOMONTH …… 指定された日付に対する指定月数の月の最終日を求めます。

　　YEAR …… 日付から年を取り出します。

　　MONTH …… 日付から月を取り出します。

　　DAY …… 日付から日を取り出します。

3. **文字列操作関数**

　　CONCATENATE …… 文字列を連結します。

　　LEFT …… テキスト文字列の先頭から指定された数の文字を取り出します。

　　RIGHT …… 指定した文字数に基づいて、テキスト文字列内の最後の1文字または複数文字を取り出します。

　　LEN …… 文字列の長さ（文字数）を求めます。

　　SUBSTITUTE …… 文字列内の特定の文字列を別の文字列に置き換えます。

4. **リレーションシップ関数**

　　RELATED …… 関連するテーブルから値を取得します。

　　RELATEDTABLE …… 指定されたフィルター条件を適用し、関連するテーブルから値を取得します。

　　CALCULATE …… 式を計算し、指定されたフィルター条件を適用します。

5. 論理関数

IF …… 指定した条件式を評価し、真の場合は1つ目の値、偽の場合は2つ
目の値を返します。

AND …… すべての条件が真の場合に真を返します。

OR …… いずれかの条件が真の場合に真を返します。

NOT …… 真偽値の逆を返します。

以上の関数は、Power BIのDAXでよく使用される基本的な関数です。これ
らの関数を組み合わせることで、さまざまなデータ解析を効果的に行うことが
できます。データ解析のスキルを向上させるために、これらの関数をぜひ活用
してください。

すべての演算子を確認する場合、Microsoftの公式サイトを参照してくだ
さい。

- DAX関数リファレンス (Microsoft Learn)
  URL https://learn.microsoft.com/ja-jp/dax/dax-function-reference

条件式を使った条件付きの計算列の作成

計算列に条件式を組み込めば、データの絞り込みなどが可能になり、より高度
なデータ解析が可能になります。以下では、数量（[契約金額]）を判定して、「大
型取引」と「通常取引」に分ける計算列を作成する手順を紹介します。

［テーブルビュー］ ❶ で［契約テーブル］ ❷ をクリックしてから、［テーブルツー
ル］ ❸ ⇒［新しい列］ ❹ をクリックします（画面5-8）。

▼画面5-8

　DAX式には［契約金額］が10,000,000以上の場合［大型取引］、そうでない場合［通常取引］と表示する新しい列を作成する式を入力します。

　数式バー❶に次のDAX式を入力し、［✓］❷をクリックします（画面5-9）。

```
取引タイプ = IF([契約金額] >= 10000000,"大型取引","通常取引")
```

▼画面5-9

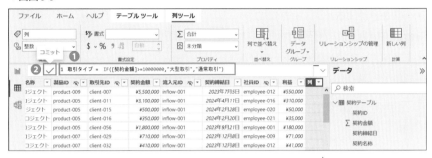

　計算列［取引タイプ］が追加されたことを確認します（画面5-10）。

▼画面5-10

　条件式を適用した計算列を活用することで、データをわかりやすく整理し、データ解析を効果的に行うことができます。

5-3　メジャーの基本

メジャーとは、既存のデータに基づいてデータの集計値や計算値を保持する値のことです。以下では、DAXを使ったメジャーの使い方を3つ例に挙げて説明します。

- 合計を計算するメジャーの作成
- 関数を使ったメジャーの作成
- フィルターを使ったメジャーの作成

合計を計算するメジャーの作成

最初に、契約金額の合計（合計契約金額）を計算するメジャーを作成してみましょう。

Power BI Desktopで［テーブルビュー］❶をクリックします（画面5-11）。［契約テーブル］❷をクリックし、［テーブルツール］❸⇒［新しいメジャー］❹をクリックします。

▼画面5-11

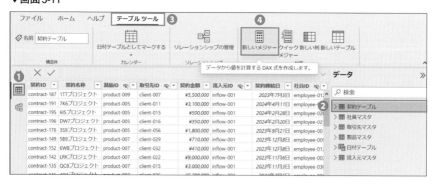

数式バー❶に次のDAX式を入力し、［✓］❷をクリックします（画面5-12）。

```
合計契約金額 = SUM('契約テーブル'[契約金額])
```

▼画面5-12

メジャー［合計契約金額］が追加されたことを確認します（画面5-13）。

▼画面5-13

関数を使ったメジャーの作成

関数を使ったメジャーとは、データを集計・計算する際に、DAXで提供されている関数を利用して作成するメジャーです。

ここでは契約金額の平均（平均契約金額）を計算するメジャーを作成してみましょう。

［テーブルビュー］❶で［契約テーブル］❷をクリックしてから、［テーブルツール］❸⇒［新しいメジャー］❹をクリックします（画面5-14）。

▼画面5-14

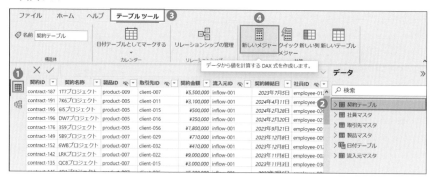

数式バー❶に次のDAX式を入力し、[✓]❷をクリックします（画面5-15）。

平均契約金額 = AVERAGE('契約テーブル'[契約金額])

▼画面5-15

メジャー［平均契約金額］が追加されたことを確認します（画面5-16）。

▼画面5-16

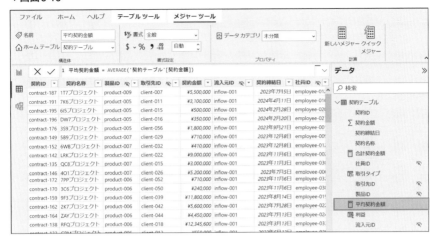

フィルターを使ったメジャーの作成

最後に、フィルターを使ったメジャーの作成方法を説明します。フィルターを使ったメジャーとは、特定の条件に合致するデータだけを対象に集計や計算を行うメジャーのことです。たとえば、特定の商品カテゴリや期間の売上を集計する場合などに使用します。

ここでは[製品マスタ]の[カテゴリー]が[コンサルティングサービス]の契約金額の合計(コンサル契約金額合計)を計算するメジャーを作成します。

[テーブルビュー]❶で[契約テーブル]❷をクリックしてから、[テーブルツール]❸⇒[新しいメジャー]❹をクリックします(画面5-17)。

▼画面5-17

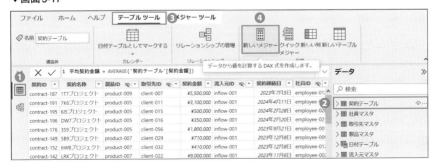

数式バー❶に次のDAX式を入力し、[✓]❷をクリックします（画面5-18）。

```
コンサル契約金額合計 = CALCULATE(SUM('契約テーブル'[契約金額]),'
製品マスタ'[カテゴリー]="コンサルティングサービス")
```

▼画面5-18

メジャー［コンサル契約金額合計］が契約テーブルに追加されたことを確認します（画面5-19）。

▼画面5-19

これで、フィルターを使ったメジャーの作成が完了しました。データ解析の際に、特定の条件に合致するデータだけを対象に集計や計算を行いたい場合は、このようなメジャーを作成して活用してください。

> **CALCULATE関数**
> CALCULATE関数は、指定した集計関数を条件に基づいて計算するための関数です。特定の条件を満たすデータだけを集計したい場合や、異なる条件を組み合わせて集計したい場合に使います。
>
> **CALCULATE関数の書式**
> **CALCULATE（集計関数，条件式1，条件式2，...）**
>
> 　**集計関数**
> 　　SUM や AVERAGE などの集計関数を指定します。
> 　**条件式1，条件式2，...**
> 　　集計するデータに適用する条件式を指定します。複数の条件を組み合わせて指定することができます。

5-4　データ分析に使用する標準期間（日付テーブル）を作成する

　データ解析において時間軸に沿った正確で効率的な集計や比較を行うには、分析する期間のすべての日付データを含む「日付テーブル」を作成し、使用することが推奨されています。

　また、分析する期間は、通年で分析を行えるようにするため、年の始まり（1月1日）から終わり（12月31日）を指定します。これで、前年同期との比較など年単位での分析ができるようになります。

> 日付テーブルを利用する場合は、分析対象データが含まれる年の始まり（1月1日）と終わり（12月31日）を指定するようにしてください。

　ここでは2023年1月1日から2024年12月31日の期間を指定した日付テーブルを作成する方法を説明します。

　［テーブルビュー］❶ をクリックしてから、［テーブルツール］❷ ⇒［新しいテーブル］❸ をクリックします（画面5-20）。

▼画面5-20

　　新しい日付テーブル（［日付テーブル2］）を作成するため、数式バー❶に次の
DAX式を入力し、［✓］❷をクリックします（画面5-21）。

```
日付テーブル2= CALENDAR(DATE(2023,1,1),DATE(2024,12,31))
```

▼画面5-21

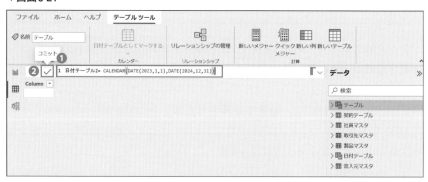

　　2023年1月1日から日付データを持つ日付テーブル（［日付テーブル2］❶❷）
が作成されていることを確認します（画面5-22）。

▼画面5-22

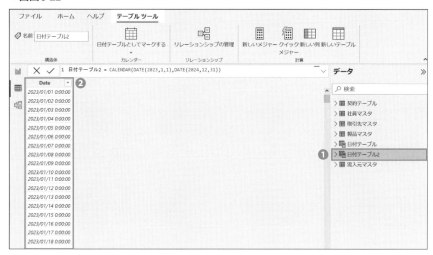

💡

CALENDAR関数とDATE関数

本文では、日付テーブルは**CALENDAR**関数と**DATE**関数を併用して作成
しました。**CALENDAR**関数は、指定された開始日と終了日の間のすべての
日付を含む日付テーブルを作成します。これに対して、**DATE**関数は引数で指定
した年、月、日から日付データを生成します。**CALENDAR**関数と**DATE**関数を組み
合わせると、日付テーブルの開始日と終了日を自由に設定し、その期間内の日
付をすべて含んだ日付テーブルを簡単に作成できます。

CALENDAR関数の書式
CALENDAR（開始日，終了日）

DATE関数の書式
DATE（年，月，日）

　関数を使用して日付テーブルを作成したあとは、DAXで生成した日付テーブ
ルを日付テーブルとしてマークします。それには、[日付テーブル2]❶を右クリッ
クし、表示されたメニューの [日付テーブルとしてマークする]❷⇒[日付テー
ブルとしてマークする]❸をクリックします (画面5-23)。

Chapter 5

▼画面 5-23

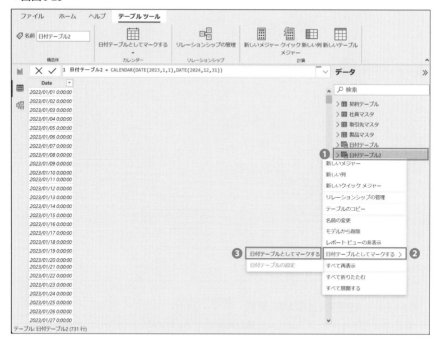

　日付テーブルとして適切か検証するため、[日付列] に [Date] 列❶を指定します（画面 5-24）。検証が完了したら [OK]❷をクリックします。

▼画面 5-24

Column

日付テーブルとしてマークする

　Power BIのデータ分析では、日付テーブルが重要な役割を果たします。業務データには契約締結日や受注日など、独自の日付データを含むものが多数含まれますが、このような場合でも独自の日付テーブルを使わずに、カレンダー形式の日付テーブルを作成することが推奨されています。

　その理由は、独自の日付テーブルがカレンダー形式 (対象期間内ですべての日時データを含む) ではない場合、Power BIのDAX関数の一部はうまく動作しないためです (たとえば、タイムインテリジェンス関数の**DATEADD**など)。

　また、日付テーブルとしてマークした場合、指定した日付テーブルがカレンダー形式の要件 (重複なし、空白値なし、対象期間内の日付値が連続しており日付データに不足がない) を満たしているかテストされます。問題がなければそのテーブルが日付データを管理する専用のテーブルと認識するように設定されます。これで、年、月、週などの単位でデータを集計したり、特定の期間のデータを抽出したりと、日付に関する便利な機能が使えるようになります。

　時系列データ分析を効率的に進めるには、カレンダー形式の日付テーブルの作成と日付テーブルとしてマークすることは必須の操作です。必ず覚えておきましょう。

レポートの管理、運用

本Chapterでは、レポートの情報管理に関する目的別リファレンスを紹介します。特にレポートの保管および共有、ワークスペースのアクセス制御、運用状況の通知などについて見ていきます。

これまでPower BI Desktopを使ったレポートの作成について解説してきました。そのあとのレポート発行のフェーズ以降は、クラウドサービスであるPower BI Serviceを中心に情報管理、運用を行うことになります。

Power BI Serviceでレポートへアクセスするときは、Microsoftの統合ID管理サービスであるAzure Active Directory（Microsoft Entra ID）による認証認可（ユーザーIDの識別と権限に基づく適切なアクセス制御）が行われ、セキュアに運用管理することができます。

6-1 レポートの保管場所（ワークスペース）を作成する

レポートの作成を終え、発行したレポートはPower BI Serviceの「ワークスペース」と呼ばれる場所に保存されます。ワークスペースは、Power BI Service内でデータとレポートを管理するために使われます。

Power BI Serviceのワークスペースは大別すると「個人用」と「組織用」の2種類があります（表6-1）。本節では組織用途のワークスペースを中心に解説します。

▼表6-1　Power BI Serviceのワークスペースの種類

項目	マイワークスペース	ワークスペース
利用目的	個人の利用	組織内の利用（特定のユーザー、グループ）
権限	フル権限（読み書き）	個別に指定した読み書き権限
作成可能な数	1つ	複数定義可能（1つのワークスペースで最大で1,000データセット、またはデータセットあたり1,000レポートまで格納できる）

ワークスペースの作成と管理

ワークスペースの作成および設定の手順は以下のようになります。

まず、Power BI Serviceにアクセスします (画面6-1)。

- Power BI Service

  URL https://app.powerbi.com/

▼画面6-1

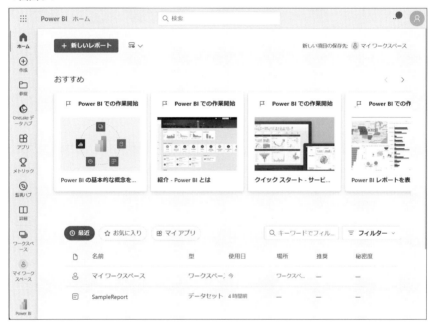

　[ワークスペース]❶ ⇒ [＋新しいワークスペース]❷をクリックし (画面6-2)、ワークスペースの [名前]❸ として「ReferenceWS」を入力し、[適用]❹をクリックします (画面6-3)。

▼画面6-2

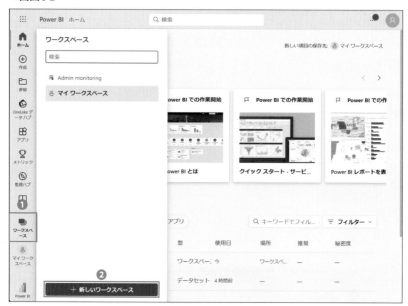

▼画面6-3

これで新しいワークスペース「ReferenceWS」が作成されました（画面6-4）。

▼画面6-4

6-2　ワークスペースのアクセスを管理する

　この節では、前節で作成したワークスペース「ReferenceWS」にメンバーを追加し、ワークスペースのロールを付与する手順を紹介します。

　ワークスペースは、ワークスペース単位でアクセスを許可されるメンバーを管理し、ワークスペースのロールで操作権限（読み取り、書き込みなど）を制御します。

　作成するワークスペースは、事業部門、部署、チーム、プロジェクト単位など作成単位の考え方は複数ありますが、組織の中で利用しやすい単位を考えてワークスペースを作成する必要があります。可視化した情報を誰が閲覧し、編集したいのか想像しながら作成してみましょう。

　組織規模でワークスペースを分けるときの指針の例は以下のとおりです。

Chapter 6

- 30名未満の小規模な組織の場合：ワークスペースのオーナーとその共同作業者にアクセス許可を与え、他のユーザーにはアクセスを制限します。
- 30名以上の中規模組織の場合：部門ごとにワークスペースを作成し、各部門のオーナーにアクセス許可を与えます。必要に応じて、他の部門のユーザーにはアクセスを制限します。
- 大規模組織の場合：各部門ごとに複数のワークスペース（部門用、プロジェクト用など）を作成し、各ワークスペースには部門のオーナーとその共同作業者にのみアクセス許可を与えます。必要に応じて、他の部門のユーザーにはアクセスを制限したり、組織全体で共有するワークスペースを作成します。

前節で作成したワークスペース「ReferenceWS」で［…］❶をクリックし、表示されたメニューから［アクセスの管理］❷をクリックします（画面6-5）。

▼画面6-5

　［アクセスの管理］ダイアログの［＋ユーザーまたはグループの追加］をクリックします（画面6-6）。

▼画面6-6

　追加するメンバーのメールアドレスを入力してから❶、割り当てるワークスペースのロール（今回は［ビューアー］❷）を選択し、［追加］❸をクリックします（画面6-7）。ユーザーを追加し終えたら、［×］❹をクリックして［ユーザー追加］ダイアログを閉じます。

▼画面6-7

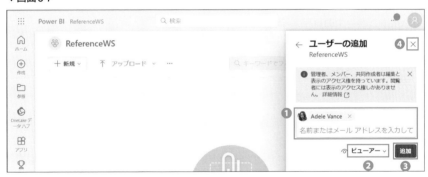

　ワークスペースのロールは［管理者］、［メンバー］、［共同作成者］、［ビューアー］の4つのロールがあり、それぞれの次の権限を持ちます（表6-2）。

▼表6-2　ワークスペースのロールの種類

ロール	権限の説明
管理者	ワークスペースのすべての機能にアクセスできる権限を持つ。ワークスペースの設定の変更、メンバーの追加・削除、各種アクセス権限の設定、コンテンツの追加・編集・削除が可能。管理者は、ワークスペース全体を運営・管理する役割を担っている
メンバー	ワークスペースのコンテンツ（レポート、ダッシュボード、データセット）の追加・編集・削除、データセットのアクセス管理、メンバーやその他の下位（作成共同者）のアクセス権限ができるが、ワークスペースの設定や管理はできない。メンバーは、主にデータ分析やレポート作成・管理する役割を担っている
共同作成者	ワークスペースのコンテンツ（レポート、ダッシュボード、データセット）の追加・編集・削除ができるが、ワークスペースの設定やメンバー管理はできない。共同作成者は、既存のレポートやダッシュボードの改善やアップデートを行う役割がある
ビューアー	ワークスペース内のコンテンツを閲覧する権限のみを持つ。コンテンツの追加・編集・削除や、ワークスペースの設定・メンバー管理はできない。ビューアーは、主にデータ分析の結果を確認し、情報を活用する役割がある

　ワークスペースのロールの詳細は、以下のMicrosoftの公式サイトを参照してください。

- ワークスペースのロール（Microsoft Learn）
  URL https://learn.microsoft.com/ja-jp/power-bi/collaborate-share/service
  -roles-new-workspaces#workspace-roles

　また、ワークスペースの管理の応用として、特定のセキュリティグループに所属するメンバーだけがワークスペースを作成できるようなシステム設定も可能です。

- ワークスペースの作成（新しいワークスペースエクスペリエンス）（Microsoft Learn）
  URL https://learn.microsoft.com/ja-jp/power-bi/admin/service-admin-
  portal-workspace#create-workspaces-new-workspace-experience

ワークスペースのロール管理のベストプラクティス

Power BI Serviceのワークスペースでロール管理を適切に行うことは、データのセキュリティや組織での作業効率に大きく影響します。ここでは、ロール管理に関するベストプラクティスをいくつか紹介します。

割り当てるロールを最小限にする

各メンバーには必要最低限のロールだけを与えるようにしましょう。これにより、誤ってデータやコンテンツを削除するリスクを減らすことができます。また、セキュリティ上の問題が発生した場合にも、影響を最小限に抑えることができます。

管理者ロールを割り当てる人数は最低限にする

管理者ロールは、すべての権限を持っています。そのため、複数の人間が管理者ロールを持つと、誤操作や権限の乱用のリスクが高まります。管理者ロールの割り当ては最低限の人数に抑え、必要に応じて権限を委譲するようにしましょう。

閲覧者には、ビューアーロールだけを与える

閲覧者の役割は、データ分析の結果を確認することです。そのため、閲覧者にはビューアーのロールだけを与えて、データやコンテンツの編集や削除ができないようにしましょう。

Azure Active Directory (Microsoft Entra ID) グループにロールを割り当てる

本節では便宜上、メンバー単位でロールを割り当てる手順を紹介しましたが、Azure Active Directory (Microsoft Entra ID) では、複数のユーザー ID を管理するグループを作成し、グループに対してロールを割り当てることができます。

定期的にロールを見直す

運用時には、所属部署の異動、メンバーの変更および削除などが発生するため、定期的にロールも見直すことが重要になってきます。定期的にロールを確認し、適切な権限がメンバーや Azure Active Directory (Microsoft Entra ID) グループに与えられているかをチェックしましょう。

Chapter 6

6-3　Power BI Serviceへレポートを発行する

　次に、Power BI Desktopで作成したレポートをPower BI Serviceのワークスペースに発行してみましょう。

　本節でもあらかじめ用意したpbixサンプルデータを使用します。サンプルデータ（SampleReport_Chapter6.pbix）は本書のサポートページから事前にダウンロードしておいてください。

　SampleReport_Chapter6.pbixファイルを開き、[ホーム]❶⇒[発行]❷をクリックします（画面6-8）。「変更を保存しますか？」と尋ねられた場合は[保存]をクリックします。

▼画面6-8

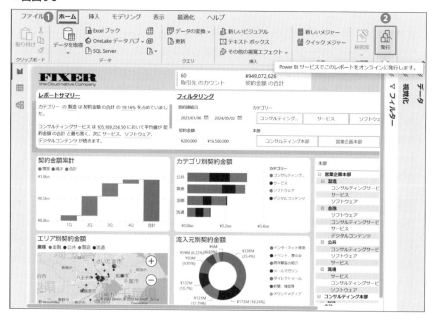

　[Power BIへ発行]ダイアログで「ReferenceWS」❶を発行先ワークスペースに指定し、[選択]❷をクリックします（画面6-9）。

▼画面6-9

　ダイアログに「成功しました！」と表示されたら、[Power BIで 'SampleReport_ Chapter6.pbix' を開く] をクリックします（画面6-10）。

　間違って [Power BIへ発行] ダイアログを閉じてしまった場合は、再度Power BI Service（URL https://app.powerbi.com/）にアクセスし、ReferenceWS内のレポートをクリックします。

▼画面6-10

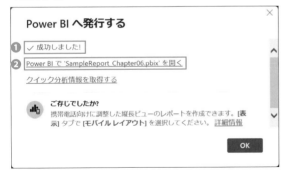

　Power BI Serviceに指定したワークスペースでレポートが開きます（画面 6-11）。レポートが開いたことを確認できたら、[Power BIへ発行する] ダイアログは閉じてかまいません。

▼画面6-11

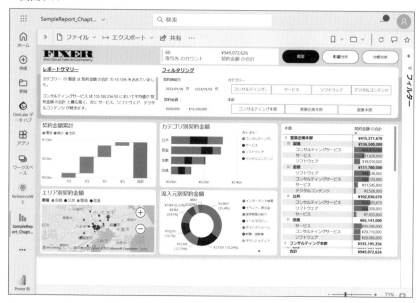

6-4　レポートをさまざまな方法で共有する

　ここでは、Power BI Serviceのワークスペースに発行されたレポートを他の
ユーザーや組織内外のメンバーと共有する方法を紹介します。Power BIでは複
数の共有方法を提供しており、それぞれの共有方法の特徴、適用シーンは以下の
とおりです（表6-3）。

▼表6-3　レポートの共有方法

共有方法	説明	適用シーン
リンクの コピー	レポートへのリンクを作成し、そのリンクを共有できる。リンクを開くだけでレポートを閲覧できるため、手軽に共有が可能	社内のメンバーやチームに簡単にレポートを共有する
メール	レポートへのリンクを作成し、そのリンクをメールで共有できる。メールで送信されたリンクを開くだけでレポートを閲覧できるため、手軽に共有が可能になる	社内のメンバーやチームに簡単にレポートを共有する
Teams	レポートへのリンクを作成し、そのリンクを Teams でユーザー、グループ、チャネルで共有できる。リンクを開くだけでレポートを閲覧できるため、手軽に共有が可能になる	社内のメンバーやチームに簡単にレポートを共有する
PowerPoint への共有	レポートは PowerPoint に取り込むことができる。PowerPoint での編集や共有が簡単にできるため、社内のプレゼンテーションなどに最適	社内会議やクライアントへのプレゼンテーションなど、PowerPoint を使った場面で動的なプレゼンテーションを行う
レポートの 埋め込み	既存のアプリや Web ページにレポートを埋め込むための URL を生成し、その URL を使ってレポートを表示できる。アプリを通じてレポートを閲覧できるため、アプリを使って業務を行う場合に便利	社内の業務アプリや、Web ページにレポートを表示する
QR コードの 生成	レポートに直接アクセスするモバイルデバイスからスキャン可能な QR コードを作成する。レポートをプレゼンテーションする際のアクセスを補助するときに便利	社内会議、プレゼンテーションなどでレポートへのアクセスを促す場合に QR コードを提供する

リンクのコピー

リンクのコピーを使ってレポートを共有するには、以下の手順に従ってください。

ワークスペース内のレポート画面上部のメニューバーにある［共有］❶をクリックし、表示された［リンクの送信］ダイアログにある［共有の範囲］❷をクリック

Chapter 6

207

します（画面6-12）。

▼画面6-12

　表示された画面で共有する範囲（［組織内のユーザー］、［既存のアクセス権を持つユーザー］、［特定のユーザー］）❶や、権限（共有のみ、コンテンツの編集許可）❷を設定し、［適用］❸をクリックします（画面6-13）。ここでは例として、［組織内のユーザー］を選択しています。

▼画面6-13

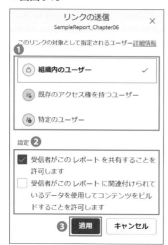

ダイアログの下部が元に戻ったら（画面6-12を参照）、左下の［リンクのコピー］をクリックします。「リンクがコピーされました」というダイアログが表示されたら、［コピー］をクリックし、共有先にURLを連絡してください（画面6-14）。

▼画面6-14

リンクの共有の情報の受信者側では、レポートを開こうとするとサインイン要求が表示されます（画面6-15）。IDおよびパスワードを入力しサインイン後、認証認可（IDの識別と権限チェック）され、条件を満たせばレポートが閲覧できます。

▼画面6-15

PowerPointへの共有

PowerPointへレポートを共有するには、以下の手順に従ってください。

ワークスペース内のレポート画面上部のメニューバーにある［共有］❶をクリックし、［リンクの送信］ダイアログにある［PowerPoint］❷をクリックします（画面6-16）。

▼画面6-16

［PowerPointにライブデータを埋め込む］ダイアログが表示されるので［PowerPointで開く］をクリックします（画面6-17）。

▼画面6-17

クリックしたあとに、［PowerPointを開きますか？］というダイアログが表示された場合は、［PowerPointを開く］をクリックします（画面6-18）。

▼画面6-18

　なお、初めてこの機能を使うときは、ここでPower BIの「ライセンス条項、プライバシーポリシー、アクセス許可」に関する画面（画面6-19）が表示されるかもしれません。その場合は［承諾して続行］をクリックしてください。

▼画面6-19

　また、本書の手順どおり無料体験している場合、通常は、作業中のPCのPowerPointにご自身の既存のアカウントでサインインしていると思いますが、その場合、ここでのレポート埋め込み処理は失敗します（画面6-20）。

Chapter 6

▼画面6-20

　この失敗を避けるためには、事前にPowerPointを開き、Power BIで使っているアカウントでサインインし直しておく必要があります。サインインしたら、念のため、[ファイル] ⇒ [アカウント] を選択し、[接続済みサービス：] の表示内容を確認してください（画面6-21）。

▼画面6-21

　これでPowerPointのスライドが開き、Power BIのレポートが埋め込まれます（画面6-22）。PowerPointのスライドでもPower BIと同様にビジュアルをクリックすれば、クロスフィルターが機能するため、操作イメージはPowerPointとPower BIで変わりません（画面6-23）。

▼画面6-22

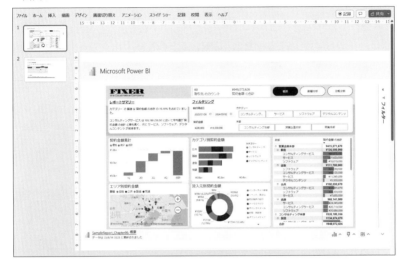

▼画面6-23

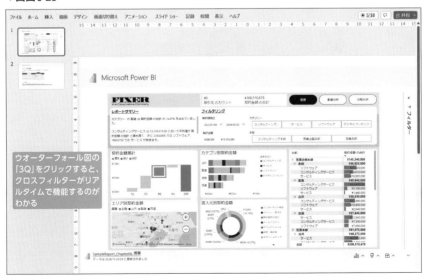

ウオーターフォール図の「3Q」をクリックすると、クロスフィルターがリアルタイムで機能するのがわかる

Chapter 6

その他にもPower BIではレポートをWebサイトへ埋め込むなどの共有方法が用意されています。

どのWebサイトへ埋め込むのか選択し、埋め込みURLを発行後、対象Webサイトに URL を追加すれば、Power BIのレポートが閲覧できます。また、レポートのURLをQRコードで発行することもできます。自分の組織にあった共有方法でレポートを共有してみましょう。

ワークスペース内のレポート画面のメニューバーにある［ファイル］❶をクリックし、［レポートの埋め込み］❷または［QRコードの生成］をクリックします（画面6-24、表6-4）。

▼画面6-24

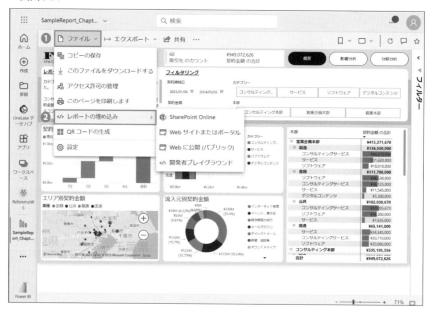

▼表6-4 「レポートの埋め込み」と「QRコードの生成」を使った共有方法

共有方法	選択肢
レポートの埋め込み	SharePoint Online
	Webサイトまたはポータル
	Webに公開（パブリック）
	開発者プレイグラウンド
QRコードの生成	―

214

Web に公開（パブリック）利用時の注意点

　［Web に公開（パブリック）］を使ったレポートの埋め込みは、レポートがインターネット上での認証が不要な状態で閲覧できる公開・共有方法になります。そのため、Azure Active Directory（Microsoft Entra ID）による認証・認可の対象から外れるため、組織内の情報を外部へ正しく公開するために適切な情報管理設計と運用が必要になります。組織で［Web に公開（パブリック）］の利用を検討する場合は、情報システム部門と相談ください。

　レポートの埋め込みに関する仕様や要件の詳細については、次のウェブページを参照してください。

- Power BI レポートの埋め込み方法の種類について（Japan CSS Support Power BI Blog）
  URL https://jpbap-sqlbi.github.io/blog/powerbi/pbi_embed/

6-5 レポートのデータ取得スケジュールを管理する

　Power BI では、Excel ファイルやデータベース、Web サイトを始めとしたさまざまなデータソースを扱うことができます。これらのデータソースの情報は、Power BI Desktop からレポートが発行されると Power BI Service のワークスペース内に「データセット」と呼ばれる場所に保存されます。

　「データセット」は、接続対象のデータソース情報、接続に関わる認証情報、データソースからデータの取り込み・変換、データの取得スケジュールなどのレポートに関わる管理機能を担っています。

　ここでは、「データセット」のデータ取得機能を使用して、データソースの最新データを取得する手順を紹介します。最新データを取得方法は大きく分けて 2 つあります。

- Power BI Service のデータセットでデータ取得のスケジュールを設定し、データの自動更新を行う
- Power BI Service のデータセットでデータの手動更新を行う

Chapter 6

Power BI Serviceのデータセットでデータ取得のスケジュールを設定し、データの自動更新を行う

　Power BI Serviceのデータセットでデータ取得のスケジュールを設定し、データの自動更新を行う場合、取得するデータソースの分類ごとにスケジュール設定方法が分かれます（図6-1）。それぞれ順番に説明していきます。

① オンプレミスのデータソースに対して、データの自動更新スケジュールを設定する

　データソースがオンプレミスにある場合は、「オンプレミスデータゲートウェイ」と呼ばれるPower BIとオンプレミスデータソース（例：社内にあるファイルサーバー、データベースサーバーやPCのファイルなど）を安全に接続するためのツールをインストールする必要があります。

　多くの企業や組織は、機密性の高いデータをオンプレミス（社内のファイルサーバーやデータベース）に保持しています。そのため、Power BIでオンプレミスデータにアクセスするためには、クラウドとオンプレミスの間に安全な接続を確立する必要があります。

　オンプレミスデータゲートウェイを使うことで、オンプレミスのデータソースに対してセキュアな接続を確立し、Power BIとの間で安全にデータの送受信を行うことができます。

② クラウドのデータソースに対して、データの自動更新スケジュールを設定する

　データソースがクラウドにある場合でも、データソースがクラウドの仮想ネットワーク上の仮想マシンなどである場合は、接続時に認証やセキュアな通信を確立するために「オンプレミスデータゲートウェイ」をインストールする必要があります。

① オンプレミスのデータソースに対して、データの自動更新スケジュールを設定する

　オンプレミスデータゲートウェイをインストールするコンピューターが、以下のシステム要件と通信要件を満たすか事前に確認しておきましょう（表6-5）。

▼図6-1　Power BIで取得できるオンプレミスとクラウドのデータソースと構成

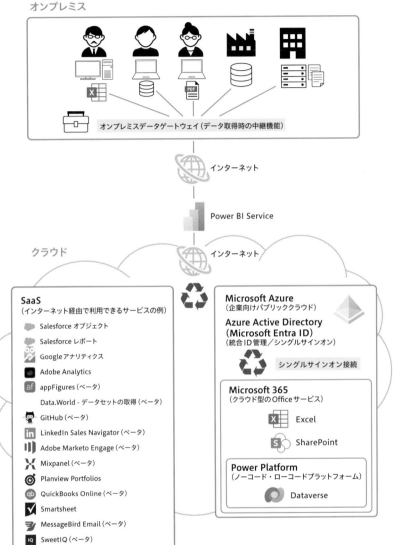

▼表6-5　オンプレミスデータゲートウェイのシステム要件

リソース	最小要件
OS	Windows 8.1以降または64ビットバージョンのWindows Server 2012R2 .NET Framework 4.7.2（2020年12月以前のゲートウェイリリース） .NET Framework 4.8（2021年2月以降のゲートウェイリリース）
メモリ	8GB以上
CPU	8コア以上

出所：オンプレミスデータゲートウェイをインストールする（Microsoft Learn）
URL https://learn.microsoft.com/ja-jp/data-integration/gateway/service-gateway-install#requirements

　オンプレミスデータゲートウェイでは、データ伝送・中継通信を行う際、表6-6の情報を使用します。組織内のセキュリティポリシーやファイアウォールなどが原因で通信がブロックされる場合は、組織の情報システム部門に相談・調整が必要になる場合があります。

▼表6-6　オンプレミスデータゲートウェイの通信要件

通信方向	ポート番号
送信ポート	TCP 443、5671、5672、9350 ～ 9354
受信ポート	―

出所：オンプレミスデータゲートウェイの通信設定を調整する（Microsoft Learn）
URL https://learn.microsoft.com/ja-jp/data-integration/gateway/service-gateway-communication#ports

　では、オンプレミスデータゲートウェイをインストールしていきましょう。
　オンプレミスデータゲートウェイのダウンロードサイトにアクセスし、[標準モードのダウンロード] [注6.1] をクリックし、インストーラー「GatewayInstall.exe」をダウンロードします（画面6-25）。

- Power BIゲートウェイ（Microsoft Power BI）
  URL https://powerbi.microsoft.com/ja-jp/gateway/

注6.1　個人モードは、個人の技術検証やトレーニングを前提としたモードです。組織での利用を前提とする場合、標準モードの利用が推奨されます。標準モードを利用する場合、組織の管理下にあるコンピューターリソース（PCやサーバーなど）に標準モードのオンプレミスデータゲートウェイをインストールおよび構成してください。

▼画面6-25

GatewayInstall.exeをダブルクリックし、ウィザード形式に従ってインストールを進めます（画面6-26）。最初の画面で指定が必要なインストール先などについては、本書では以下のように設定しています。組織内の管理ポリシーなどがあれば必要に応じて読み替えてインストールを進めてください。［インストール］をクリックします。

- **インストール先**：C:\Program Files\On-premises data gateway（デフォルト値）❶
- **使用条件およびプライバシーに関する声明**：オン ❷

▼画面6-26

　インストール過程でサインイン要求やインストール確認ダイアログが表示される場合があります。その際は、適宜サインイン操作やインストール確認画面で［はい］を選択して進めてください。

　インストールが正常に終了すると、このゲートウェイで使用するメールアドレス❶を尋ねられます（画面6-27）。次のようにメールアドレスを登録し、［サインイン］❷をクリックします。

- このゲートウェイで使用するメールアドレス：Microsoft 365開発者プログラムで作成したメールアドレス

▼画面6-27

　次にゲートウェイを登録します。ここで指定したコンピューターがデータ取得時の中継機能を担うことになります。ここでは自分自身のPCをゲートウェイに指定します。

　［このコンピューターに新しいゲートウェイを登録します］❶を選択し、［次へ］❷をクリックします（画面6-28）。

▼画面6-28

ゲートウェイの名前と回復キーを入力し、ゲートウェイを復元できるリカバリー情報を以下のように入力し、［構成］❹をクリックします（画面6-29）。

- 新しいon-premises data gatewayの名前：任意のゲートウェイ名称❶
- 回復キー：任意のテキスト❷
- 回復キーを確認する：任意のテキスト❸

▼画面6-29

・　以上でゲートウェイ構成が完了します。「ゲートウェイ XXXX はオンラインで
あり、使用できます。」❶というメッセージの画面が表示されたら、［閉じる］❷を
クリックします（画面6-30）。

▼画面6-30

オンプレミスデータゲートウェイの展開リージョンの指定

オンプレミスデータゲートウェイと Power BI Service 間でデータを中継
する際、Microsoft Azure（企業向けパブリッククラウド）のリソースが使用され、
Azure 上のリソースを使用して定期的なデータ取得の実行管理などが行われま
す。執筆時点のデフォルトでは North Central US リージョンが選択されますが、
任意のリージョンに変更することができます。組織のポリシーなどで関連するリ
ソースの所在地が特定リージョンのみなど厳密な定義がある場合は、［リージョ
ンの変更］をクリックし、リージョンを変更してください。特別な要件がない限り、
基本的にはテナントと同じリージョン（日本）を指定することを推奨します（画面
6-31）。

▼画面6-31

[リージョンの選択] ❶ から希望のリージョンを選択してください（画面6-32）。リージョンによっては通信速度やPower BIとの親和性など変わるため、表示されるリージョン情報をもとにリージョンを決定してください。

▼画面6-32

　ここからは、インストールしたオンプレミスデータゲートウェイの接続管理設定
をしていきます。オンプレミスデータゲートウェイに接続対象のコンピューター情
報、認証方式、認証情報、取得対象のデータなどを指定します。

> 本章の途中を飛ばして、ここからお読みになる場合は、6-3節のレポート
> 発行手順に従い、Power BI Desktop からレポート（データセット）を発行
> してから読み進めてください。

　Power BI Service（**URL** https://app.powerbi.com/）にアクセスします。
　ワークスペース「ReferenceWS」を開いた状態で、[…] ❶ ⇒［設定］をクリッ
クし、［設定］ダイアログの［リソースと拡張機能］⇒［接続とゲートウェイの管理］
❷ をクリックします（画面6-33）。
　なお、ブラウザの横幅が広いときは[...]❶ は表示されず、代わりにいくつかの
アイコンが表示されます。その場合は、歯車のアイコン（❸）をクリックしてくだ
さい（画面6-34）。

▼画面6-33

▼画面6-34

　[＋新規]❶をクリックして表示される［新しい接続］ダイアログで表6-7のとおりに設定し、［作成］❿をクリックします（画面6-35）。

▼表6-7　［新しい接続］の設定項目

No	項目	設定値
❷	データソースの場所	オンプレミス
❸	ゲートウェイクラスター名	odgw（作成したデータゲートウェイを一覧から選択）
❹	接続名	任意の接続名
❺	接続の種類	ファイル
❻	完全なパス	<各自のディレクトリ>\<データ取得対象ファイル> 本書では、「C:\SupportPage\Chapter6\SampleData_Chapter6.xlsx」をパスに指定します。
❼	認証方式	Windows
❽	Windowsユーザー名	PCのWindowsのログインユーザー名
❾	Windowsパスワード	PCのWindowsのログインユーザーのパスワード

　試用版で操作しながら読んでいる場合は、画面6-35の設定を行う前に、作業中のPCのCドライブのルートに「SupportPage」というフォルダを作成し、その中にサンプルデータの「Chapter6」フォルダをコピーしてください。その後、❻には「C:\SupportPage\Chapter6\SampleData_Chapter6.xlsx」と入力します。

Chapter 6

▼画面6-35

接続の作成が完了したら、[閉じる] ⓫ をクリックして元の画面に戻ります。

ワークスペース [ReferenceWS] 内にある発行済みのデータセット「Sample Report」をクリックします (画面6-36)。

▼画面6-36

Windowsユーザー名を調べる方法（Windows 11の場合）

[スタート] メニューの [設定] をクリックし、[アカウント] ❶ ⇒ [その他のユーザー] ❷ をクリックします（画面6-37）。[その他のユーザー] に切り替わったら、[職場または学校のユーザー] に表示されている管理者ユーザーの「ドメイン名￥ユーザー名」❸ を確認します（画面6-38）。

▼画面6-37

▼画面6-38

メニューバーから［更新］❶⇒［更新のスケジュール設定］❷をクリックします（画面6-39）。

▼画面6-39

［データセット］タブ❶をクリックし、［ゲートウェイとクラウド接続］❷を展開し（画面6-40）、［マップ先］❸に先ほど作成した接続を紐づけ、［適用］❹をクリックします（画面6-41）。

この紐づけによりデータ取得ファイルとゲートウェイ接続が関連付けられ、データ取得のスケジュール実行が行える状態になります。

▼画面6-40

▼画面6-41

　[データセット]タブ内の[最新の情報に更新]❶を展開し、以下のとおり設定します(画面6-42)。取得時刻は最大で8個(Power BI Proライセンスの場合)〜48個(Power BI Premiumライセンスの場合)登録可能で、30分間隔で時刻を設定できます。

- **更新の頻度**:毎日 ❷
- **タイムゾーン**:UTC+09:00 大阪、札幌、東京 ❸
- **時刻**:01:00 AM ❹

　時刻を追加する場合は、[別の時刻を追加]❺をクリックすれば時刻を追加できます。
　最後に、[適用]❻をクリックして変更を確定させます。
　業務データ更新のピーク・ピークオフ、季節性のあるデータ変動などを考慮し、最新データが取得できるスケジュールを設定しましょう。

Chapter 6

▼画面6-42

② クラウドのデータソースに対して、データの自動更新スケジュールを設定する

Microsoftのクラウドサービスのデータソース（Dataverseを代表とするMicrosoftのデータベースなど。Dataverseの詳細については、Appendix 1を参照してください）ではオンプレミスデータゲートウェイの構成は不要で、Power BI Serviceを設定するだけで操作が完了します。

Microsoftのクラウドサービスのデータソースで発行されたデータセットを選択し、メニューバーから［更新］⇒［更新のスケジュール設定］をクリックした以降の操作手順は、先ほどの画面6-40から画面6-42までと同様の手順で設定が行えます。

Power BI Serviceのデータセットでデータの手動更新を行う

スケジュールされた時刻ではなく、すぐに最新データを反映させたい場合は、

手動による更新ができます。なお、手動更新の場合は、オンプレミスおよびクラウドのどちらのデータソースでも手順は同じになります。

まず、Power BI Service（**URL** https://app.powerbi.com/）にアクセスします。

ワークスペース［ReferenceWS］内にあるデータセットをクリックします（画面6-43）。

▼画面6-43

メニューバーから［更新］❶⇒［今すぐ更新］❷をクリックします（画面6-44）。［最新の情報に更新済み］❸に現在日時が表示されたことを確認します。

▼画面6-44

以上が最新データの取得スケジュールを設定する手順です。データセットの設定完了後は、発行したレポートでも最新データが取得・反映されているか確認してみましょう！

Chapter 6

6-6 レポート運用状況を通知する

　ビジネスでデータを使う際、データの取得に失敗したり、指標とする数値が一定の範囲を超えたり、予想外の変化があった場合、それらのアラートに気づけないとビジネスや意思決定に影響を及ぼす場合があります。そのような場合でも、Power BI Serviceのメール通知機能を使えば関係者へいち早く重要な通知を連絡することができます。

　メール通知機能は大きく分けて3つあります。メール通知機能で通知されるメールの件名および本文は固定化されており、変更はできません。

- レポートを購読し、更新があった場合に通知する
- データセットの更新失敗時に通知する
- 指標とする数値が一定の範囲を超過した場合にアラートを通知する

レポートを購読し、更新があった場合に通知する

　ワークスペース［ReferenceWS］内にある発行済みのレポートをクリックします（画面6-45）。

▼画面6-45

　メニューバーの［…］❶⇒［レポートを購読する］❷をクリックします（画面6-46）。

▼画面6-46

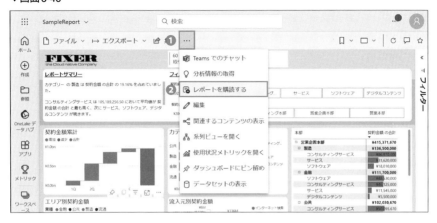

　[サブスクリプション] ダイアログの [サブスクリプションの作成] ❶をクリック
した後 (画面6-47)、表6-8のようにサブスクリプションの項目を設定し、[保存]
❽をクリックします (画面6-48)。

▼画面6-47

▼表6-8　[サブスクリプション]の設定項目

No	項目	設定値
❷	サブスクリプション名	お気に入りレポート
❸	受信者	任意のメールアドレス
❹	完全なレポートの添付	オフ
❺	開始日	任意の開始日付
❻	終了日	任意の終了日付
❼	繰り返し	データ更新（1日1回）後

　[頻度]でデータ更新後を指定することで、データセットの更新後に購読したレポートのアップデート通知を受け取ることができます。データ更新不問で定期的にレポートを購読する場合は、定期通知する頻度（毎日、毎週、毎年など）を指定します。

▼画面6-48

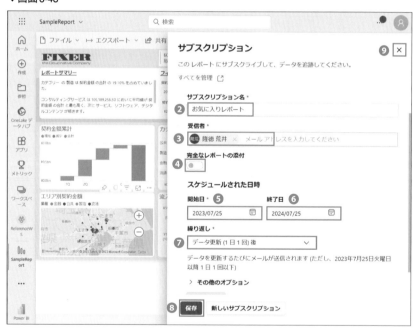

　サブスクリプションの一覧に戻ります。[×]❾をクリックし、レポート画面に戻ります。

データセットの更新失敗時に通知する

ワークスペース［ReferenceWS］内にある発行済みのデータセットをクリックします（画面6-49）。

▼画面6-49

メニューバーから［更新］❶⇒［更新のスケジュール設定］❷をクリックします（画面6-50）。

▼画面6-50

［データセット］タブ内の［最新の情報に更新］❶を展開し、［更新失敗に関する通知の送信先］の［これらの連絡先］❷をオンにし、アラートを通知したい宛先情報❸を入力します（画面6-51）。最後に、［適用］❹をクリックします。

Chapter 6

235

▼画面6-51

指標とする数値が一定の範囲を超過した場合にアラートを通知する

　Power BI Service上に発行したレポートのうち、重要な指標のデータ変動を追跡することはとても重要です。それらの指標が一定の範囲を超過した場合に通知する機能として「データアラート」という機能が利用できます。

データアラート機能の利用条件
- レポートのビジュアルからピン留めされたもののみ
- ゲージ、KPI、カードのビジュアルのみ

　Power BI Service（**URL** https://app.powerbi.com/）にアクセスし、ワークスペース［ReferenceWS］内にある発行済みのレポートをクリックします（画面6-52）。

▼画面6-52

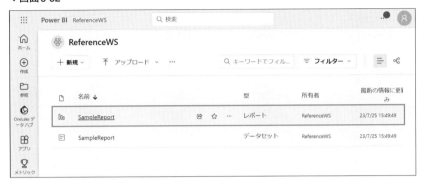

　メニューバーの［…］❶⇒［編集］❷をクリックし、レポートを編集モードで開きます（画面6-53）。なお、ブラウザの横幅が広めの場合は、メニューバーに［編集］と表示されていることもあります。その場合はそれをクリックしてください。

▼画面6-53

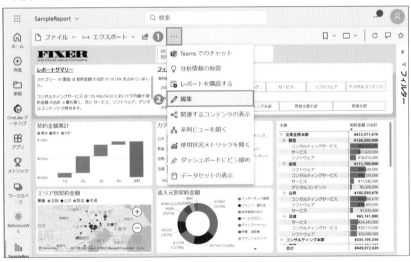

　ここでは、［視覚化］から［カード］ビジュアルを挿入し、監視対象のビジュアルを作成します。

　［カード］の［値］は［契約金額の合計］を指定します（表6-9、画面6-54）。

▼表6-9 ビジュアルにデータを追加する

プロパティ	設定値
フィールド	［契約テーブル］⇒［契約金額の合計］

▼画面6-54

［カード］ビジュアルのメニューにある［ビジュアルをピン留めする］をクリックします（画面6-55）。

▼画面6-55

［新しいダッシュボード］❶を選択し、ダッシュボード名に「newDashboard」❷と入力し、［ピン留め］❸をクリックします（画面6-56）。この操作でレポート内にあったカードビジュアルがダッシュボードにピン留めされ、閲覧できるようになります。

▼画面6-56

「ダッシュボードにピン留めしました」と表示しているダイアログ内にある［ダッシュボード…］をクリックします（画面6-57）。

［未保存の変更］ダイアログが表示された場合は［保存］をクリックします（画面6-58）。

▼画面6-57

▼画面6-58

新しいダッシュボード［newDashboard］で、カード（❶）の右上隅の［…］❷⇒［ア
ラートを管理］❸をクリックします（画面6-59）。

▼画面6-59

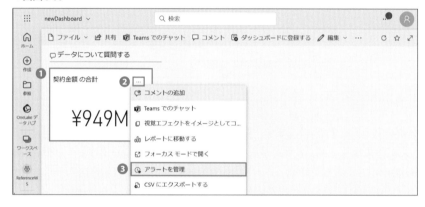

［アラートを管理］ダイアログが表示されたら、［+アラートルールの追加］をク
リックします（画面6-60）。

▼画面6-60

アラートルールを表6-10のように設定し、［保存して閉じる］❿をクリックしま
す（画面6-61）。

▼表6-10 アラートルールの設定項目

No	項目	設定値
❸	アクティブ	オン
❹	アラートタイトル	任意のテキスト (今回は「契約金額の合計」と入力)
❺	次のアラートルールを設定	契約金額の合計
❻	条件	上
❼	しきい値	950000000
❽	通知の最大頻度	[最大で1時間に1回] を選択
❾	既定では、通知センターからサービスに関する通知が送信されます。	[メールも受け取る]：オン

▼画面6-61

メール通知機能の動作をテストする

アラートの設定が終わったので、正常に動作するか確認してみましょう。先ほ

ど設定したデータアラートを使えば、重要な情報を見逃さずに済み、素早く関係者に伝達および対応ができるようになります。

これまでに紹介した、以下の3つのアラートをそれぞれテストしてみましょう。

- レポートを購読し、更新があった場合に通知する
- データセットの更新失敗時に通知する
- 指標とする数値が一定の範囲を超過した場合にアラートを通知する

レポートを購読し、更新があった場合に通知する

レポートの定期購読の時刻を迎えた場合、次のようなレポートが埋め込まれたメールが届くことを確認します（画面6-62）。

▼画面6-62

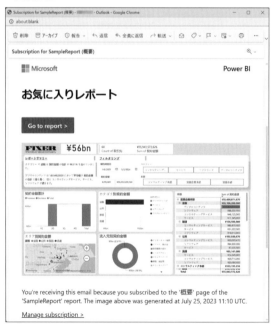

データセットの更新失敗時に通知する

この機能をテストするには、「データソースであるExcelファイルを削除する」

または「オンプレミスデータゲートウェイをインストールしたPCをシャットダウンする」などの操作を行い、更新スケジュールが起動したときにデータソースにアクセスできない状態を作ります。

　その状態でデータセットの更新エラー（対象データソースの接続不可）が検知されると、データアラートの機能でメールアドレス宛に次のようなメールが送信されます（画面6-63）。

▼画面6-63

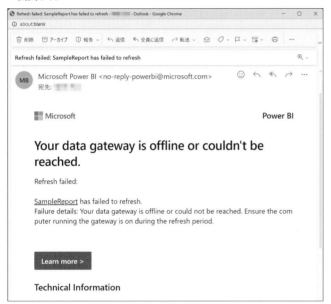

指標とする数値が一定の範囲を超過した場合にアラートを通知する

　ダウンロードしたSampleData_Chapter6.xlsx の［契約テーブル − F列 − 契約金額］から任意の行の契約金額を増やし、Excel ファイルを保存します。ここでは［契約ID］が「contract-187」の［契約金額］を 5,500,000円（550万円、画面6-64 ❶）から 55,000,000,000（550億円、画面6-65 ❷）に変更しています。

▼画面6-64

▼画面6-65

ワークスペース［ReferenceWS］で［SampleReport］（データセット）❶の［今すぐ更新］❷をクリックします（画面6-66）。

▼画面6-66

　Excelデータ上の増額した契約金額でデータセットが更新されます。新しい契約金額の合計がアラートルールで定めた「950,000,000」を超過するため、データアラートの機能でメールアドレス宛にメールが送信されます（画面6-67）。

▼画面6-67

Part 3

ハンズオン編

前章までで学んだ知識を活用して、「契約分析レポート」の作成を行うハンズオンです。データの取得、加工、リレーションシップの構築、可視化、Power BI Serviceへの発行、共有までの一連の流れを学ぶことができます。

契約分析BIレポートを 作成してみよう

本Chapterでは、これまでに学んだPower BIの基礎とリファレンスを活用して、取引先別の売上、契約状況を可視化した契約分析レポートを作成します。

Power BIレポート開発ハンズオンの流れ

　本Chapterのハンズオンを通じて、データの取得および加工から、リレーションシップの構築、可視化、Power BI Serviceへの発行、共有まで、開発・運用の一連の流れを学んでいきましょう。

　次節以降で作成するPower BIレポートの完成図を示します。次の3つのレポートを作成します。

- 概要レポート（画面7-1）
- 影響分析レポート（画面7-2）
- 分解分析レポート（画面7-3）

▼画面7-1

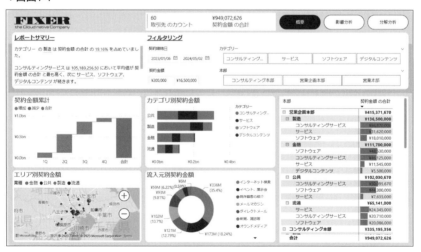

▼画面7-2

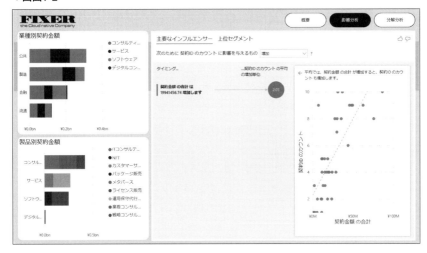

▼画面7-3

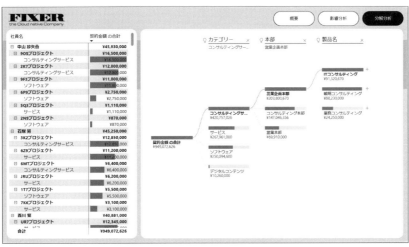

Power BI Desktopでデータソースから データを取得する

　ここではPower BI Desktopを使って、サンプルデータ内の複数テーブルから データを取得する方法を説明します。

　サンプルデータ（SampleData_Chapter7.xlsx）は本書のサポートページから事 前にダウンロードしておいてください。

　サンプルデータの全体構成は画面7-4のようになっています。

　サンプルデータから「契約テーブル」「製品マスタ」「流入元マスタ」「社員マス タ」「取引先マスタ」を取得し、「日付テーブル」は7-2節でDAXを使って生成し たテーブルを利用します。

▼画面7-4

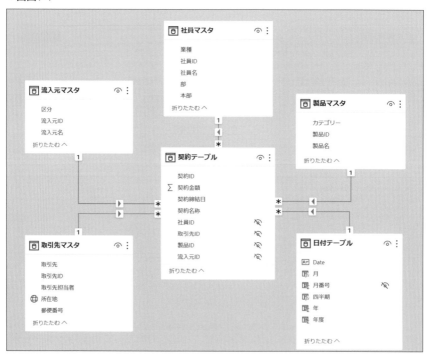

では、データソースへ接続し、データを取得していきましょう。

Power BI Desktopを開き、［ホーム］タブ❶の［データを取得］❷⇒［Excel
ブック］❸をクリックします（画面7-5）。ファイル選択ダイアログが開いたら、ダ
ウンロード済みのサンプルデータのExcelブック（SampleData_Chapter7.xlsx）
を指定します。

▼画面7-5

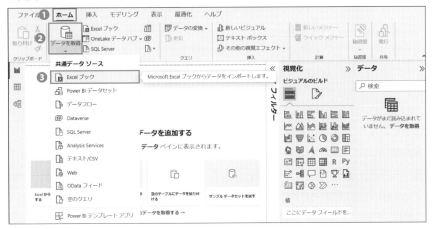

　［ナビゲーター］ウィンドウで使用するデータを指定します。今回は、［契約テー
ブル］、［製品マスタ］、［流入元マスタ］、［社員マスタ］、［取引先マスタ］の各テー
ブル❶にチェックを入れ、［データの変換］❷をクリックします（画面7-6）。

▼画面7-6

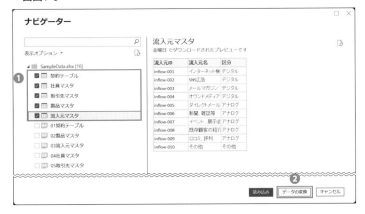

　次項では、取り込みデータが正しいデータ型で読み込みされているかをPower Queryで確認していきます。

正しいデータ型で読み込まれているかPower Queryで確認する

　Power Queryの主な機能は、取得したデータの削除、加工、集計を行い、分析に適した形にデータを整えることです。ここでは最もポピュラーなデータ加工である「データ型の変換」について説明します。

　データベースやExcelで書式設定されている場合は、指定したデータ型でデータが取り込まれますが、CSV、テキストなどのデータはデータ型が意図したデータ型として取り込まれないことがあります。このように取り込まれたデータ型を確認せずレポート作成を進めると問題が起き、手戻りを招く可能性があります。作業の始めに検出できれば小さな手間ですが、作業の終わりになればなるほど大きな手間になります。そのため、データ取得後は必ずデータの型が想定どおりかどうか確認する必要があります。

　本書のサンプルデータはデータ型に不備はないため、今回はPower Queryエディターで指定した列のデータ型を検査し、読み込みが正常にできているかを確認します。

例　[契約テーブル] の [契約金額] は数字を想定しているため、データ型が整数
　　[1²3] であることを確認する（画面7-7）

▼画面7-7

［契約金額］のデータ型（整数［1²₃］）を確認したら、［ホーム］⇒［閉じて適用］
をクリックします（画面7-8）。

▼画面7-8

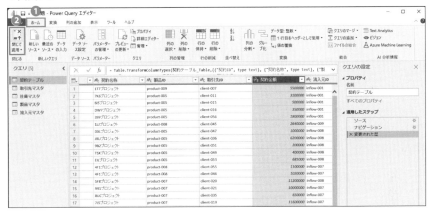

Power Queryエディターが閉じ、Power BI Desktopの画面に戻ります。

Column

Power Queryでデータを加工する

　本節では説明を省略しましたが、実際のデータでは表7-1に挙げているような加工を行うケースがあります。特に複数のデータソースを利用する場合に最も注意が必要なのは「列の削除」です。不要な列の要否判断を後回しにすると、データセット作成および、データ加工時にデータ量に応じてPower Queryの処理性能に影響を及ぼしたり、レポートの作成時に誤った列を選択してしまい、不具合の混入を招く可能性が高くなります。

　データの加工段階では勇気をもってデータ列の断捨離を行いましょう。

　必要なデータ列を削除した場合でもPower Queryを列削除のステップを取り消せば、データ列の削除処理も操作ひとつで戻すことができます。やり直しは後から簡単にできるので安心してください。

Chapter 7

▼表7-1　データ加工の種類

種類	説明
列の削除	不要な列を削除して、分析に必要なデータだけを取り出す 例 取引先企業データを使って売上分析する場合、業種、業態、契約数、金額などは使用するが、代表取締役社長の氏名や代表電話番号などの分析に使用しない情報は削除する
データ型の変換	データソースから取り込む際、可視化で使用したいデータ型に整える 例 数値データが文字列として取り込まれた場合、数値データ型に変換して計算、集計ができるようにする
列の分割	1つの列に複数のデータが含まれている場合、それぞれの要素を分析に使用する場合はデータを別の列に分割する 例 住所が都道府県・市区町村・丁目番地の形式で1つの列に格納されている場合に分割する
列のマージ	複数の列を結合して、新しい列を作成する 例 姓と名の列を結合して、フルネームの列を作成する。
条件列の作成	ある条件を満たす場合に、新しい列に特定の値を入れる 例 売上が一定額以上の場合、新しい列に［優良顧客］と表示する
グループ化	カテゴリ別や期間別にデータをグループ化し、合計や平均などの集計を行う 例 製品カテゴリごとに売上を集計する
行のフィルター	特定の条件を満たすデータだけを抽出する 例 売上が一定額以上の顧客だけを表示する。契約状況が受注のデータのみ表示する
クエリのマージ	複数のテーブルやデータソースからデータを取り込み、関連するデータ同士を結合する 例 フォルダ内に保存されたExcelブック内の売上情報を1つのテーブルとして結合する
重複の削除	重複したデータを削除して、データの正確性と効率性を向上させる 例 重複保存を許容されているデータから重複した顧客情報の削除し、正確な顧客数を抽出する

データ分類を指定する

　Power BIには、読み込んだデータを適切に分析できるようにデータ列にデータ分類を指定する機能があります。

　今回は、［取引先マスタ］の［所在地］列を例に考えてみましょう。

　まず、データの読み込み直後の［所在地］列のデータは文字列として認識されています。このままではマップなどのビジュアルで分析を行えないケースがあります。そのため、［所在地］列が「住所情報」として使いやすくなるようにデータ分類を指定します。

　［テーブルビュー］❶をクリックし、［データ］ペインの［取引先マスタ］❷の［>］をクリックして中身を展開し、［所在地］❸をクリックします（画面7-9）。［列ツール］❹⇒［データ分類］❺から［住所］❻をクリックし、［所在地］列が住所であることを指定します。

▼画面7-9

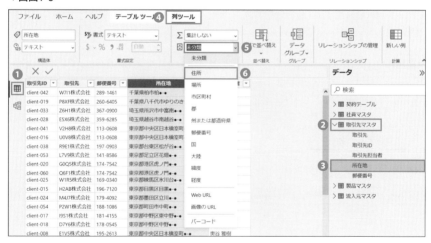

　次に、［契約テーブル］❶の［>］をクリックして中身を展開し、［契約金額］❷をクリックします（画面7-10）。続けて、［列ツール］❸⇒［書式］❹を［通貨］に変更し、［∨］❺をクリックしてメニューから［¥日本語（日本）］❻を選択します。

▼画面7-10

　このようにPower Queryで一次加工し、Power BIのテーブルビューで読み込まれた情報を二次加工することでデータの分類や整形を行い、分析対象データを整備していきます（画面7-11）。

▼画面7-11

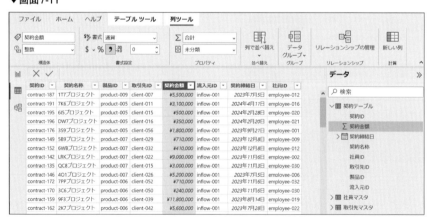

　これで、Power Queryエディターを使ったデータ加工は完了です。

　次節では、データ間のリレーションシップを設定し、スタースキーマを構成していきます。

7-2　Power BI Desktopでスタースキーマを構成する (リレーションシップの設定)

　ファクトテーブルとディメンションテーブル間でリレーションシップを設定し、スタースキーマ (最終的なデータモデル) を構成していきます。

　サンプルデータのファクトテーブルとディメンションテーブルの構成は以下のとおりです。

- **ファクトテーブル**：契約テーブル
- **ディメンションテーブル**：製品マスタ、流入元マスタ、社員マスタ、取引先マスタ、日付テーブル

　では、リレーションシップを設定していきます。

　Power BI Desktopの [モデルビュー] をクリックします (画面7-12)。

▼画面7-12

　[データ] ペインに [契約テーブル]、[製品マスタ]、[流入元マスタ]、[社員マスタ]、[取引先マスタ] が表示されることを確認します。テーブルは必要に応じて、サイズを広げてすべての列が表示されるようにします。

　データ取り込み後の初期状態でも各テーブルの列名が同一の場合、自動的にリレーションシップが作成されます。

　ここでは各テーブル間のリレーションシップを選択し、以下のリレーションシッ

プが構成されているか確認しましょう（表7-2）。

▼表7-2　ファクトテーブルとディメンションテーブルのリレーションシップ

ファクト		ディメンション	
テーブル	列名	テーブル	列名
契約テーブル	製品ID	製品マスタ	製品ID
	流入元ID	流入元マスタ	流入元ID
	社員ID	社員マスタ	社員ID
	取引先ID	取引先マスタ	取引先ID

　テーブル間のリレーションシップを選択する（マウスポインタを合わせる）と、テーブル間のリレーションシップ列が反転表示されます。また、ファクトテーブルの＊に対してディメンションテーブルは1というN：1関係でリレーションシップが設定されていることを確認しましょう（画面7-13）。

例 ［契約テーブル.製品ID(*)－製品マスタ.製品ID(1)］のリレーションシップ構成
　　の確認

▼画面7-13

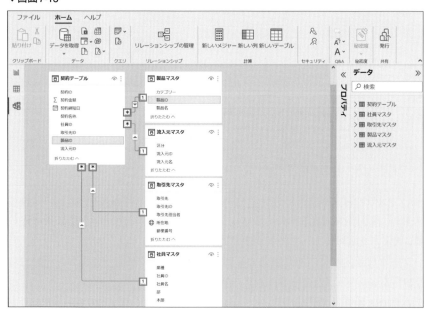

本手順以降は便宜上以下の構成 (左：契約テーブル、右：製品マスタを
はじめとしたディメンションテーブル) で操作手順を説明します。読者の
環境によってはサンプルデータ (SampleData_Chapter7.xlsx) 取得後の
モデルビューは、十字型またはスター型で展開される場合があります。各テーブ
ルの位置は適宜読み替えください。

ここまでの手順で、サンプルデータを使用してスタースキーマを構成できま
した。

日付テーブルを作成する

次はDAXを使用して日付テーブルを作成して、リレーションシップを構成し
てみます。

[モデルビュー] ❶の [ホーム] ❷をクリックし、[新しいテーブル] ❸をクリック
します (画面7-14)。

▼画面7-14

　表示された数式バー❶に次のDAX式を入力し、[✓] ❷をクリックします (画
面7-15)。テーブルの名前が [日付テーブル] に変わり、日付データが格納され
ます。

```
日付テーブル= CALENDAR(DATE(2023,1,1),DATE(2024,12,31))
```

▼画面7-15

　DAXで生成した［日付テーブル］❶を右クリックし、表示されたメニューから
［日付テーブルとしてマークする］❷⇒［日付テーブルとしてマークする］❸をク
リックします（画面7-16）。

▼画面7-16

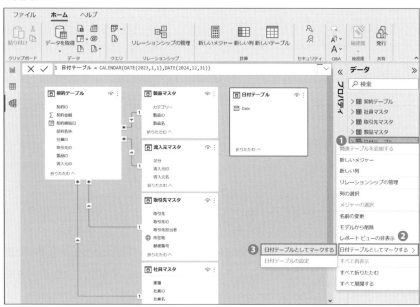

日付テーブルとして適切か検証するため、[日付列]に[Date]列❶を指定します。検証が完了したら[OK]❷をクリックします(画面7-17)。

▼画面7-17

そのほかに、[日付テーブル]上で以下の手順を行い、時間を軸にした分析列を作成します。

モデルビューで[日付テーブル]を選択した状態で[ホーム]⇒[新しい列]をクリックし、列ごとに以下の式を入力します(表7-3)。

▼表7-3 [日付テーブル]に設定するDAX式

式	意味
年 = YEAR([Date])	[日付テーブル]から年を抽出する
月 = FORMAT([Date],"M月")	[日付テーブル]から月を抽出し、抽出した月は●月形式とする
月番号 = MONTH([Date])	[日付テーブル]から月を抽出する。本節では計算用の作業用列として作成
四半期 = IF([月番号] <4,"4Q", IF([月番号] < 7,"1Q",IF([月番号] <10,"2Q","3Q")))	月番号をもとに四半期情報を抽出する。IF関数を使用し、データを以下の形式に割り振る 1~3:4Q 4~6:1Q 7~9:2Q 10~12:3Q
年度 = IF([月番号] < 4,[年]-1, [年])	[日付テーブル]から抽出された月番号をもとに4月より前は前年度、4月以降は今年度となるようにIF関数で割り振る

Chapter 7

　［日付テーブル］の［Date］列❶を［契約テーブル］の［契約締結日］❷へドラッグ＆ドロップし、リレーションシップを作成します（画面7-18）。これで、サンプルデータと日付テーブルを使ったスタースキーマの構成が完了しました。

▼画面7-18

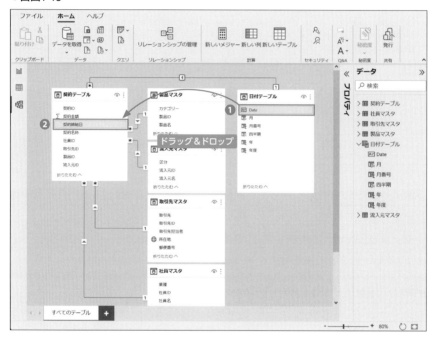

　最後に、モデルビューで不要な列を非表示にして、スタースキーマの構成を適切な状態にします。

　Power BI Desktopのモデルビュー画面では、データを整理して分析しやすくするために、不要な列を非表示にすることができます。不要な列を非表示にすることで、関心があるデータだけに注目でき見やすさが向上します。非表示にするには、非表示にしたい列の「目」のアイコン［◎］をクリックするか、右クリックしてから、メニューの［レポートビューの非表示］をクリックすると、対象列をモデル上で非表示にすることができます。

　本手順を繰り返し、不要な列をすべて非表示にします（画面7-19）。

▼画面7-19

不要な列の一例（画面7-20）

- リレーションシップで使用したファクトテーブルのID列
- 日付テーブルの作業用列（月番号）

▼画面7-20

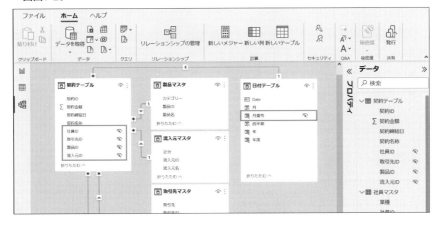

　以上で、レポート作成に向けた下準備は完了です。

　次節では、構成したスタースキーマを使用し、データの可視化、およびレポートの発行を行っていきます。

7-3　Power BI Desktop でデータを可視化し、レポートを発行する

　本節ではさまざまなビジュアルを配置し、データ分析レポートを作成していきます。

　ここから先のレポート作成の流れは次のようになります。

1. レポートのページの名称設定と背景画像を設定する
2. 概要レポートの作成
3. 影響分析レポートの作成
4. 分解分析レポートの作成

1. レポートのページの名称設定と背景画像を設定する

　Power BI では、複数ページのレポートを作成できます。本節では分析する軸ごとにページを作成してレポートを作成します。また、各レポートページではレポートのデザインを効果的に整えるため、各ページにあらかじめ用意した背景画像を設定してきます。

　背景画像を設定することでレポート全体で統一感のあるデザインを使用し、効率よくビジュアルを配置することができます。

　本節で使用するサンプルの背景画像は本書のサポートページで提供しているので、事前にダウンロードしておいてください。

＊　＊　＊

　まず、初めにレポートページを準備します。

　Power BI Desktop の［レポートビュー］❶で、［+］❷を 2 回クリックし、ページを計 3 ページ作成します（画面 7-21）。

▼画面7-21

作成したページの名前を表7-4のように変更していきます。作成したページ名を右クリックし、メニューから[ページの名前変更]をクリックし、ページの名前を設定します（画面7-22）。

▼表7-4 ページの名前変更

No	変更前のページ名称	変更後のページ名称
①	ページ1	概要
②	ページ2	影響分析
③	ページ3	分解分析

▼画面7-22

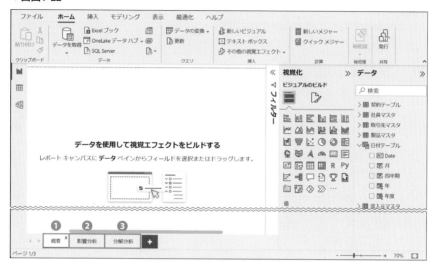

次に、作成したページにサンプル背景画像を設定していきます（表7-5）。

▼表7-5　ページに貼り付けるサンプル背景画像

ページ名称	サンプル背景画像のファイル名
概要	BackgroundImage-Page1.jpg
影響分析	BackgroundImage-Page2.jpg
分解分析	BackgroundImage-Page3.jpg

　Power BI Desktopで背景画像を設定するページを選択し（ここでは［概要］
❶を選択）、［レポートページの書式設定］❷をクリックします（画面7-23）。続け
て、［キャンバスの背景］❸⇒［参照...］❹をクリックします。ファイル選択ダイア
ログが開いたら、本書のサポートページからダウンロードした背景画像を指定し
ます。

▼画面7-23

　背景画像の設定を終えたら、[キャンバスの背景] ❶の [透過性] を [0] ％❷に
設定し、[イメージのサイズ調整] は [自動調整] ❸に設定します (画面7-24)。

▼画面7-24

Chapter 7

　同様の手順で各ページの背景画像をキャンバスの背景に設定します。

　次は、各ページに遷移するための遷移ボタンを作成、設定していきます。
［挿入］❶をクリックし、［要素］❷⇒［ボタン］❸⇒［ナビゲーター］❹⇒［ページナビゲーター］❺をクリックします（画面7-25）。これで、各ページの名称を冠したボタンメニューが作成されます。

▼画面7-25

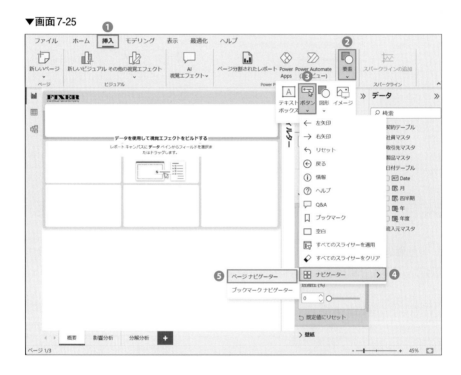

　初期のページナビゲーターは四角のボタンですが、背景画像とデザインを統一するために角の丸いボタンへ書式設定を変更します。［ページナビゲーター］を選択した状態で、［書式］ペインの［ビジュアル］❶をクリックし、［シェイプ］❷を［薬］❸に変更します（画面7-26）。

▼画面7-26

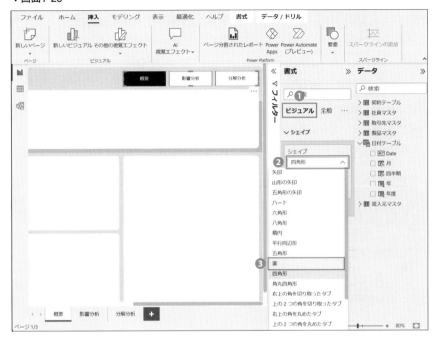

　作成した［ページナビゲーター］をコピー＆ペーストし、残りの2ページにも複製した［ページナビゲーター］を配置します。画面7-27は［影響分析］ページに配置している例です。

▼画面7-27

　ここまでの手順でページの名前、デザインが統一された背景画像、ページナビゲーター（ページを遷移するボタンメニュー）が作成できました。

　あとは背景画像の空白領域にビジュアルを配置し、レポート作成を行います。

Power BI ページ遷移のプレビュー

Power BI Desktop上でページの遷移動作を確認する場合は、ページ遷移を確認したいボタンを Ctrl キーを押しながらクリックするとプレビュー（事前の動作確認）ができます（画面7-28）。ぜひ試してみましょう。

▼画面7-28

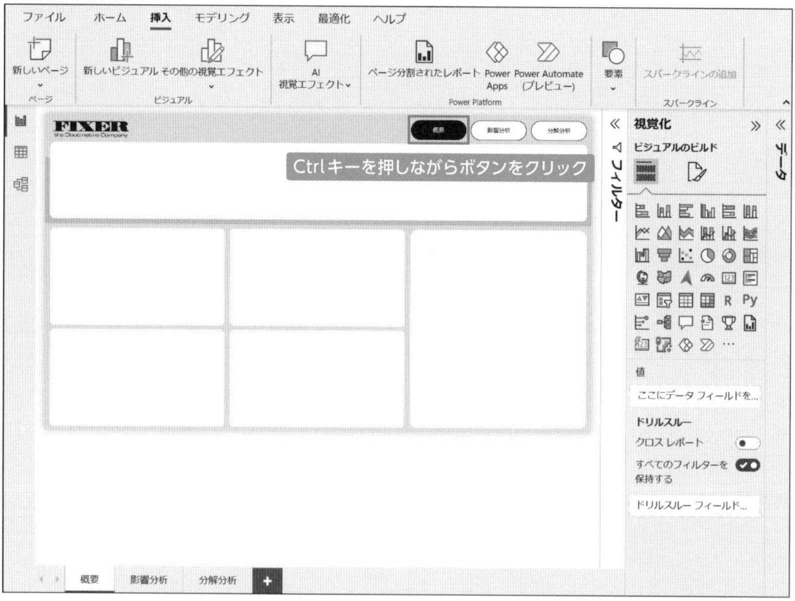

---

2. 概要レポートの作成

　次に、最もポピュラーなビジュアルを使用して概要ページのレポートを作成します。レポートの作成方法としては、「ビジュアルから配置する方法」と「データから配置する方法」の2つがあります。ここでは視覚的にレポートのデザインを意識しながら作業できる「ビジュアルから配置する方法」で作成していきま

しょう。

　Power BI Desktopの［視覚化］で各ビジュアルをクリックしてレポートキャンバスに配置し、枠内に各ビジュアルが収まるようにサイズを調整してください。なお、［視覚化］でビジュアルをクリックする際は、キャンバス上で何も選択していないことを確認してください（選択した状態で操作すると、選択していたビジュアルの種類が置き換わってしまいます）。

　今回作成するビジュアルは以下の10個です（画面7-29）。

◉ビジュアルのレイアウトと種類　※スライサーは計4つ作成

❶ 複数の行カード
❷ スライサー1
❸ スライサー2
❹ スライサー3
❺ スライサー4
❻ ウォーターフォール図
❼ マップ
❽ 積み上げ横棒グラフ
❾ ドーナツグラフ
❿ マトリックス

▼画面7-29

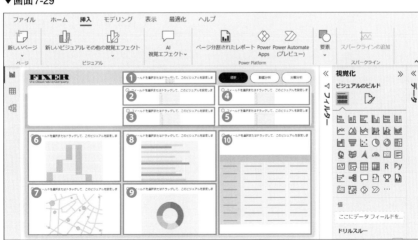

次に、各ビジュアルを設定していきます。

今回は10個のビジュアルを選択し、[データ]ペインからビジュアルに必要な
データを追加し、ビジュアルの書式設定を行っていきます。

複数の行カード

[複数の行カード]は、次のように設定します(表7-6、画面7-30)

▼表7-6　ビジュアルにデータを追加する

No	プロパティ	設定値
❶	フィールド	[取引先マスタ] ⇒ [取引先のカウント]
❷	フィールド	[契約テーブル] ⇒ [契約金額の合計]

▼画面7-30

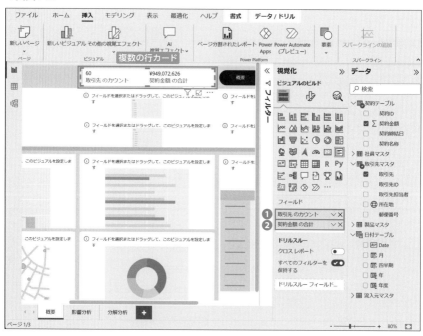

スライサー1

［スライサー1］は、次のように設定します（表7-7、表7-8、画面7-31）

▼表7-7　ビジュアルにデータを追加する

No	プロパティ	設定値
❶	フィールド	［契約テーブル］⇒［契約締結日］

▼表7-8　ビジュアルの書式設定

タブ		設定値
ビジュアル	スライサーの設定	オプション⇒スタイル：指定の値の間
ビジュアル	スライサーヘッダー	オン
ビジュアル	スライダー	オフ
全般	効果	背景⇒透過性（%）：100

スライサー2

［スライサー2］は、次のように設定します（表7-9、表7-10、画面7-31）。

▼表7-9　ビジュアルにデータを追加する

No	プロパティ	設定値
❶	フィールド	［契約テーブル］⇒［契約金額］

▼表7-10　ビジュアルの書式設定

タブ		設定値
ビジュアル	スライサーの設定	オプション⇒スタイル：指定の値の間
ビジュアル	スライサーヘッダー	オン
ビジュアル	スライダー	オフ
全般	効果	背景⇒透過性（%）：100

Chapter 7

▼画面7-31

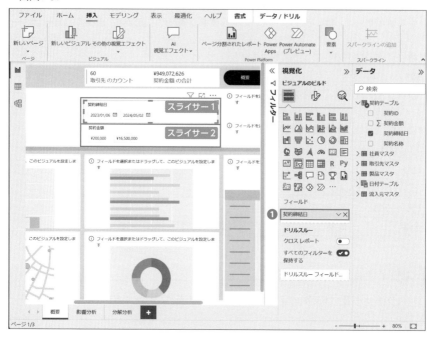

スライサー3

　[スライサー3]は、次のように設定します（表7-11、表7-12、画面7-32）。データと書式を設定したら、画面例のように[スライサー1]と[スライサー3]の横幅を調整してください。

▼表7-11　ビジュアルにデータを追加する

プロパティ	設定値
フィールド	［製品マスタ］⇒［カテゴリー］

▼表7-12　ビジュアルの書式設定

タブ	設定値	
ビジュアル	スライサーの設定	オプション⇒スタイル：タイル
ビジュアル	選択項目	Ctrlキーで複数選択：オフ

スライサー4

　[スライサー4] は、次のように設定します (表7-13、表7-14、画面7-32)。データと書式を設定したら、画面例のように [スライサー2] と [スライサー4] の横幅を調整してください。

▼表7-13　ビジュアルにデータを追加する

プロパティ	設定値
フィールド	[社員マスタ] ⇒ [本部]

▼表7-14　ビジュアルの書式設定

No	タブ		設定値
❶	ビジュアル	スライサーの設定	オプション⇒スタイル：タイル
❷	ビジュアル	選択項目	Ctrlキーで複数選択：オフ

▼画面7-32

ウォーターフォール図

　[ウォーターフォール図] は、次のように設定します (表7-15、表7-16、画面7-33)。[カテゴリ] プロパティは、ビジュアルの [⋯]❶⇒[軸の並べ替え]❷⇒[四半期]❸をクリックしてから [昇順で並べ替え]❹を設定してください。

▼表7-15　ビジュアルにデータを追加する

プロパティ	設定値
カテゴリ	［日付テーブル］⇒［四半期］
Y軸	［契約テーブル］⇒［契約金額の合計］

▼表7-16　ビジュアルの書式設定

タブ		設定値
ビジュアル	X軸	タイトル：オフ
	Y軸	タイトル：オフ
全般	タイトル	タイトル⇒テキスト：契約金額累計
	効果	背景⇒透過性（%）：100

▼画面7-33

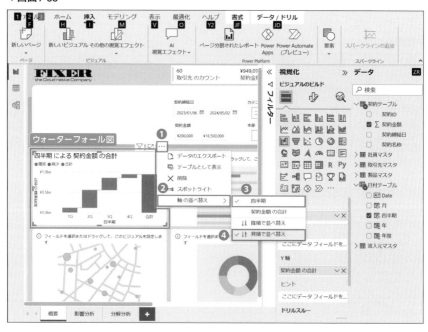

マップ

　［マップ］は、次のように設定します（表7-17、表7-18、画面7-34）。

▼表7-17　ビジュアルにデータを追加する

プロパティ	設定値
場所	［取引先マスタ］⇒［所在地］
凡例	［社員マスタ］⇒［業種］
バブルサイズ	［契約テーブル］⇒［契約金額 の合計］

▼表7-18　ビジュアルの書式設定

No	タブ		設定値
❶	ビジュアル	マップの設定	スタイル⇒スタイル：グレースケール
❷			コントロール⇒自動ズーム：オン
❸			コントロール⇒ズームボタン：オン
	全般	タイトル	タイトル⇒テキスト：エリア別契約金額
		効果	背景⇒透過性（％）：100

▼画面7-34

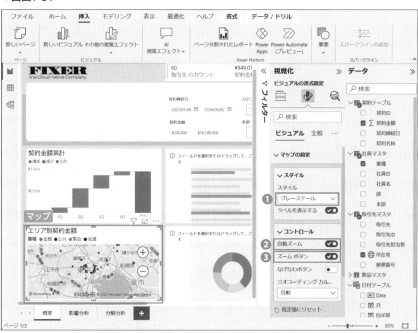

積み上げ横棒グラフ

　［積み上げ横棒グラフ］は、次のように設定します（表7-19、表7-20、画面7-35）。

▼表7-19　ビジュアルにデータを追加する

No	プロパティ	設定値
❶	Y軸	［社員マスタ］⇒［業種］
❷	X軸	［契約テーブル］⇒［契約金額の合計］
❸	凡例	［製品マスタ］⇒［カテゴリー］

▼表7-20　ビジュアルの書式設定

タブ		設定値
ビジュアル	凡例	オプション⇒位置：右上積上げ
	凡例	テキスト⇒フォント：8（ポイント）
	X軸	タイトル：オフ
	Y軸	タイトル：オフ
全般	タイトル	タイトル⇒テキスト：カテゴリ別契約金額
	効果	背景⇒透過性（%）：100

ドーナツグラフ

　［ドーナツグラフ］は、次のように設定します（表7-21、表7-22、画面7-35）。

▼表7-21　ビジュアルにデータを追加する

プロパティ	設定値
凡例	［流入元マスタ］⇒［流入元名］
値	［契約テーブル］⇒［契約金額の合計］

▼表7-22　ビジュアルの書式設定

タブ		設定値
ビジュアル	凡例	タイトル：オフ
	凡例	テキスト⇒フォント：8（ポイント）
全般	タイトル	タイトル⇒テキスト：流入元別契約金額
	効果	背景⇒透過性（%）：100

▼画面7-35

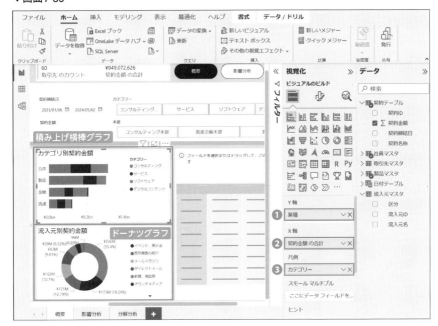

マトリックス

　[マトリックス]は、次のように設定します(表7-23、表7-24)。[値]プロパティ
は、ビジュアルの[…]❶⇒[並べ替え条件]❷⇒[契約金額の合計]❸をクリッ
クしてから[降順で並べ替え]❹を設定してください(画面7-36)。

　最後に、ビジュアルの[…]❶の3つ左の[階層内で1レベル下をすべて展開
します]アイコンを2回クリックすると、画面例のようにすべての行が表示され
ます。

▼表7-23　ビジュアルにデータを追加する

プロパティ	設定値
行	[社員マスタ]⇒[本部]
	[社員マスタ]⇒[業種]
	[製品マスタ]⇒[カテゴリー]
値	[契約テーブル]⇒[契約金額の合計]

Chapter 7

279

▼表7-24 ビジュアルの書式設定

タブ	設定値	説明
ビジュアル	セル要素	データバー：オン
全般	効果	背景⇒透過性（%）：100

▼画面7-36

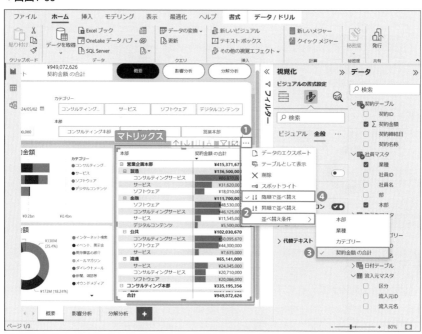

スマート説明

　［スマート説明］のビジュアルは挿入するだけで設定が完了します。Power BI Desktop の［視覚化］で［スマート説明］のビジュアルをクリックしてレポートキャンバスに配置し、枠内にビジュアルが収まるようにサイズを調整してください（画面7-37）。

▼画面7-37

テキストボックスの追加

最後に、ビジュアルを補足するテキストボックスを配置して整えていきます。

今回の例では、[スマート説明]と[スライサー1]～[スライサー4]にタイトル（見出し）を付けることにします。

[挿入]❶⇒[要素]❷⇒[テキストボックス]❸をクリックし、任意のテキストを入力します。今回の例ではテキストボックスを2個挿入し、[レポートサマリー]❹、[フィルタリング]❺を記入してタイトルにしています（画面7-38）。

▼画面7-38

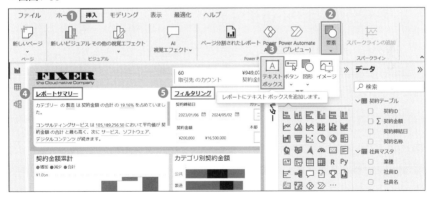

ここまでの手順で概要ページのレポートが完成しました（画面7-39）。

Chapter 7

▼画面7-39

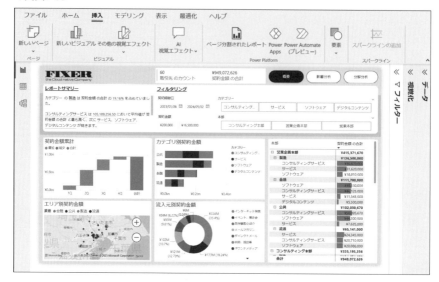

　次項では、AI 機能を持つビジュアルを活用して影響分析レポート作成を行います。

3. 影響分析レポートの作成

　［影響分析］ページをクリックし、ビジュアルを配置していきます。
　［概要］ページのときと同様、各ビジュアルをレポートキャンバスに配置し、枠内に各ビジュアルが収まるようにサイズを調整してください。今回作成するビジュアルは以下の3つです（画面7-40）。

◉ビジュアルのレイアウトと種類　※積み上げ横棒グラフは計2つ作成
① 積み上げ横棒グラフ1
② 積み上げ横棒グラフ2
③ 主要なインフルエンサー

▼画面7-40

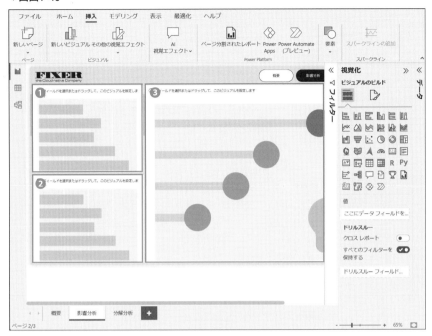

積み上げ横棒グラフ1

　[積み上げ横棒グラフ1] は、次のように設定します（表7-25、表7-26、画面7-41）。

▼表7-25　ビジュアルにデータを追加する

プロパティ	設定値
Y軸	［社員マスタ］⇒［業種］
X軸	［契約テーブル］⇒［契約金額の合計］
凡例	［製品マスタ］⇒［カテゴリー］

▼表7-26　ビジュアルの書式設定

タブ		設定値
ビジュアル	Y軸	タイトル：オフ
	X軸	タイトル：オフ
	凡例	タイトル：オフ
	凡例	オプション⇒位置：右上積上げ
全般	タイトル	タイトル⇒テキスト：業種別契約金額
	効果	背景⇒透過性（%）：100

積み上げ横棒グラフ2

　[積み上げ横棒グラフ2]は、次のように設定します（表7-27、表7-28、画面7-41）。

▼表7-27　ビジュアルにデータを追加する

No	プロパティ	設定値
❶	Y軸	［製品マスタ］⇒［カテゴリー］
❷	X軸	［契約テーブル］⇒［契約金額の合計］
❸	凡例	［製品マスタ］⇒［製品名］

▼表7-28　ビジュアルの書式設定

タブ		設定値
ビジュアル	X軸	タイトル：オフ
	Y軸	タイトル：オフ
	凡例	タイトル：オフ
	凡例	オプション⇒位置：右上積上げ
全般	タイトル	タイトル⇒テキスト：製品別契約金額
	効果	背景⇒透過性（%）：100

▼画面7-41

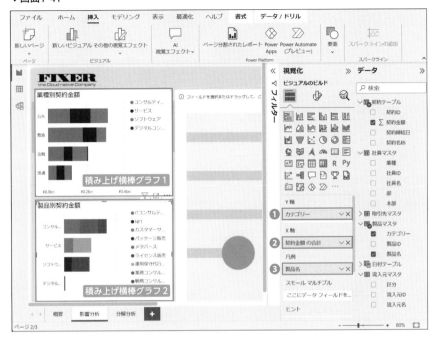

主要なインフルエンサー

［主要なインフルエンサー］は、次のように設定します（表7-29、画面7-42）。

▼表7-29　ビジュアルにデータを追加する

No	プロパティ	設定値
❶	分析	［契約テーブル］ ⇒ ［契約IDのカウント］
❷	説明	［契約テーブル］ ⇒ ［契約金額の合計］
❸		［社員マスタ］ ⇒ ［業種］
❹		［社員マスタ］ ⇒ ［本部］
❺		［製品マスタ］ ⇒ ［カテゴリー］

Chapter 7

285

▼画面7-42

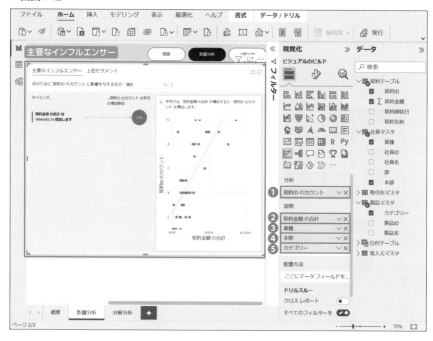

4. 分解分析レポートの作成

　[分解分析] ページをクリックし、ビジュアルを配置していきます。各ビジュアルをレポートキャンバスに配置し、枠内に各ビジュアルが収まるようにサイズを調整してください。今回作成するビジュアルは以下の2つです (画面7-43)。

◉ビジュアルのレイアウトと種類
❶ マトリックス
❷ 分解ツリー

▼画面7-43

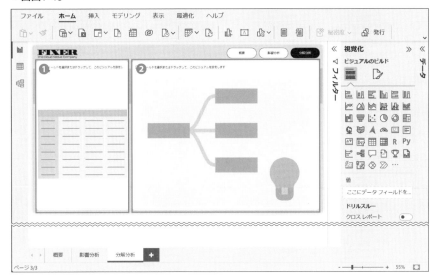

マトリックス

　[マトリックス]は、次のように設定します（表7-30、表7-31、画面7-44）。データと書式を設定したあと、ビジュアルの右上隅の[…]の3つ左の[階層内で1レベル下をすべて展開します]アイコンを2回クリックすると、画面例のようにすべての行が表示されます。

▼表7-30　ビジュアルにデータを追加する

No	プロパティ	設定値
❶	行	[社員マスタ] ⇒ [社員名]
❷		[契約テーブル] ⇒ [契約名称]
❸		[製品マスタ] ⇒ [カテゴリー]
❹	値	[契約テーブル] ⇒ [契約金額の合計]

▼表7-31　ビジュアルの書式設定

タブ	設定値	
ビジュアル	セル要素	系列：契約金額の合計
		データバー：オン

Chapter 7

▼画面7-44

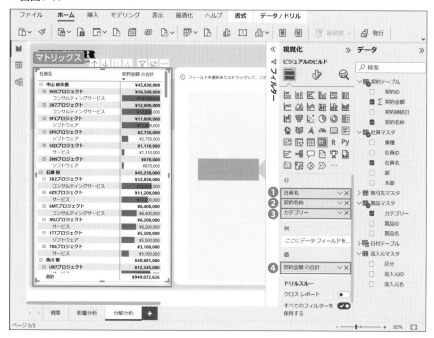

分解ツリー

　[分解ツリー]は、次のように設定します(表7-32、画面7-45)。データを設定したあと、ビジュアル内の項目(横向きの棒)の右端の[+]をクリックしてメニューから[高値]を選択する操作を繰り返すと、画面例のような表示になります。

▼表7-32　ビジュアルにデータを追加する

No	プロパティ	設定値
❶	分析	[契約テーブル] ⇒ [契約金額の合計]
❷	説明	[製品マスタ] ⇒ [カテゴリー]
❸		[製品マスタ] ⇒ [製品名]
❹		[社員マスタ] ⇒ [本部]
❺		[社員マスタ] ⇒ [業種]

▼画面7-45

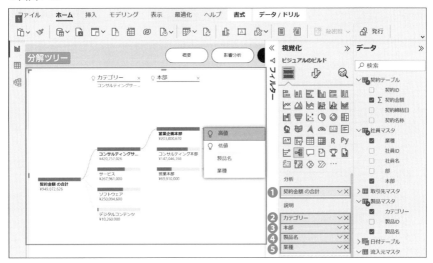

各ビジュアルの動きを確認する

　ここまでの手順で、概要、影響分析、分解分析ページのレポート作成が完了しました。各ビジュアルをクリックし、クロスフィルターなどの機能が効果的に動いているか確認しましょう。クロスフィルターの調整方法については、次のColumnを参照してください。

Column

クロスフィルターの調整方法

　クロスフィルターは、あるビジュアルを選択 (またはフィルタリング) すると、関連する他のビジュアルも同時に更新する機能です。これにより、選択したデータと関連するデータの関係や傾向が視覚的にすぐにわかります。

　便利なクロスフィルターですが、ビジュアルによっては固定で表示したいため、クロスフィルターの影響を受けさせたくないビジュアルがあるかもしれません。その場合は、ビジュアル単位にクロスフィルターの影響を制御できます。

ビジュアル単位にクロスフィルターの制御 (オン、オフ) する手順

　まず、制御元となるビジュアルを選択します。ここでは左下の [エリア別契約金額] のビジュアルを選択します。続いて、[書式]❶⇒[相互作用を編集]❷をクリックします (画面7-46)。

▼画面7-46

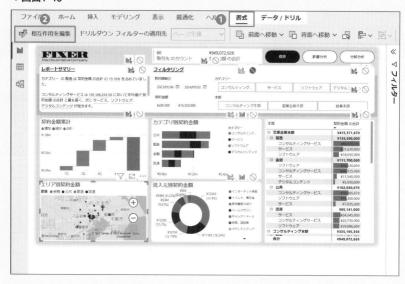

　ビジュアル単位で、クロスフィルターの影響を制御するかをオン、オフで切り替えます。今回の例ではウォーターフォール図と積み上げ横棒グラフをオフにしています (画面7-47)。

▼画面7-47

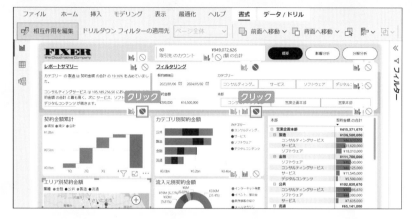

[相互作用を編集]の編集を終了する場合は、[書式]❶⇒[相互作用を編集]❷をクリックします（画面7-48）。

▼画面7-48

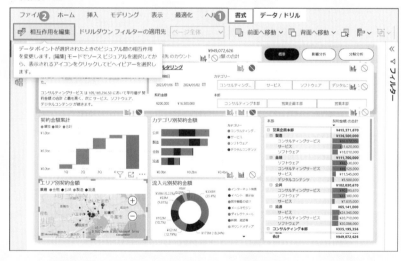

クロスフィルターの影響をオフしたビジュアルが固定表示されていることを確認してみましょう（画面7-49、画面7-50）。この例の場合は、[エリア別契

約金額] マップの凡例部分で業種名を順にクリックしたり、マップ内の任意の場所をクリックしたりするとわかりやすいでしょう。相互作用をオフにしたビジュアル (ウォーターフォール図) は固定、そのほかのビジュアルはデータをクリックすることでクロスフィルターが作用することを確認します。

▼画面7-49

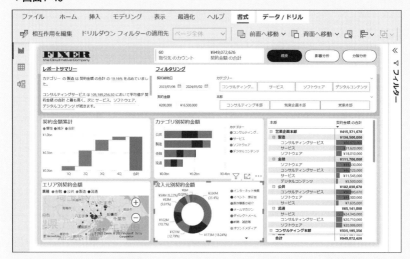

▼画面7-50

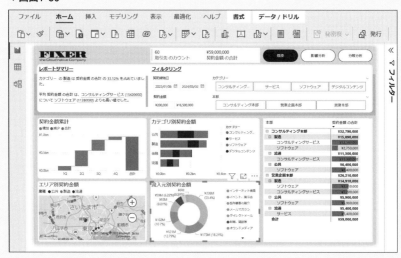

　以上で Part 3 のレポートは完成しました。作成したレポートは Power BI Service へ発行し、組織と共有、運用し業務データの分析に活用しましょう！ 活用方法については、Part 2「リファレンス編」を参照してください。

＊　＊　＊

　この度は、本書を手にとっていただき、誠にありがとうございます。

　本書を通じて、Power BI Desktop を使ったレポート作成から共有までの基本的な流れを学んでいただけたと思います。これで、あなたも Power BI を使って、自分の業務データを可視化、分析することができるようになりました。

　クラウドや AI の利用が当たり前の時代になり、業務で扱う情報がデジタルシフト・ビッグデータ化している昨今、デジタル変革（DX）は避けて通れない重要な課題です。

　本書をきっかけに皆様、組織のデジタル変革（DX）に少しでもお役に立てば幸いです。

　これからの Power BI を活用したデータ分析の旅が、充実したものとなることを願っています。最後までお読みいただき、ありがとうございました。

Chapter 7

Appendix

付録

本書で紹介するアプリ開発に必要となる情報および最新の情報についてまとめました。Appendix 1ではデータ管理を容易にし、データ分析および可視化の幅を広げてくれる「Microsoft Dataverse」の活用方法、Appendix 2ではAI時代のデータ分析ソリューションとして、Microsoftが注力しているサービス「Microsoft Fabric」を紹介します。

Appendix 1

Dataverseを活用しよう

Power Platformが提供している「Dataverse」を使えばデータ管理が容易になり、可視化および分析の幅も広がります。ここではDataverseの活用方法について紹介します。

A1-1　Dataverseとは

　Power Platformではデータを安全に保存し、管理する場所として「Dataverse」を標準で提供しています（図A1-1）。Dataverseとは「クラウド上で提供される高性能のSaaSデータベース」で、大規模システムにも使われている堅牢かつ安全なデータベース製品をノーコード・ローコードで扱えるようにしたものです。

▼図A1-1　Power Platformのサービス群

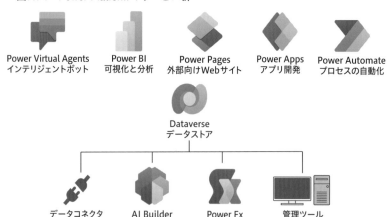

Power Virtual Agents
インテリジェントボット

Power BI
可視化と分析

Power Pages
外部向けWebサイト

Power Apps
アプリ開発

Power Automate
プロセスの自動化

Dataverse
データストア

データコネクタ　　　AI Builder　　　Power Fx　　　管理ツール

　Dataverseにはプログラミングやシステム開発などの専門知識がない人でも使えるよう、さまざまな工夫が施されています。

　Microsoft 365との親和性が高く、データの管理ではExcelを使用してデータのインポート、エクスポート、「Excel Online」でリアルタイムデータ更新が行えます。馴染みのあるOffice製品と同じ感覚で利用できるため、学習にかかる時

間もわずかで済みます。

　従来のデータベースでは、テーブルの作成や、テーブルに格納するデータの登録・更新・削除にはSQLの知識や専用のソフトウェアが必要でしたが、Dataverseを活用すれば、テーブルの作成、リレーションシップによる構造化、セキュリティの設定などをマウス操作だけで行えます。

　さらにDataverseはデータベースのような構造化されたデータ以外にも、従来では扱えなかった画像、動画などの非構造化データもデータ保存のオプションをワンクリックするだけで扱えるため、従来のデータベースより幅広いデータソース、豊富な種類のデータを一元管理することができます。

　ノーコード・ローコードでさまざまなデータを管理できるDataverseとさまざまなデータを可視化できるPower BIを組み合わせることで、データの登録からデータの可視化、分析が簡単に行えるため、Dataverseをデータソースとして利用するとPower BI活用の幅が広がります（図A1-2）。

▼図A1-2　DataverseとPower Platformの連携

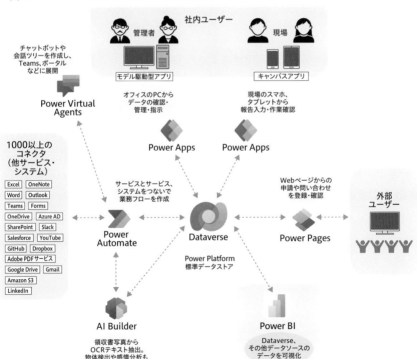

Dataverseの始め方

ここからは、Chapter 2「セルフサービスBI開発環境の準備」で紹介した手順に沿ってサインアップを進め、Microsoft 365開発者プログラムのテナントにDataverseが初期セットアップされた状態を前提に説明しています。まだサインアップが済んでいない場合は、Chapter 2を参考にして済ませておいてください。

次節からは、次の順番で手順を紹介していきます。

1. データソースの準備（Dataverseテーブル作成）
2. リレーションシップを構成する
3. Power BI DesktopでDataverseに接続する

A1-2 データソースの準備（Dataverseテーブル作成）

Dataverseテーブルの作成方法は大きく分けて2つの方法があります。

1. テーブルを新規作成する（列定義を1つずつ行う）
2. 既存のデータ構造を取り込みテーブルを作成する

本節では、既存のデータ（Excelファイル）をDataverseへインポートし、Dataverseテーブルを効率よく作成する手順を説明します。本節で使うExcelファイルは本書のサポートページにアクセスし、ダウンロードしておいてください。

既存のデータをもとにDataverseテーブルを作成する

Power Apps メーカーポータル（**URL** https://make.powerapps.com/）へアクセスします。Dataverseの管理画面でテーブルを作成するには、Power Platformを構成するサービスPower Appsのサイトにアクセスします（画面A1-1）。

▼画面A1-1

　作成されたDataverseテーブルは [テーブル] ウィンドウで一覧を確認できます (画面A1-2)。表示されている1行が1テーブルです。

　左側のナビゲーションペインの [テーブル] ❶をクリックし、[インポート] ❷⇒ [データをインポート] ❸をクリックします。

▼画面A1-2

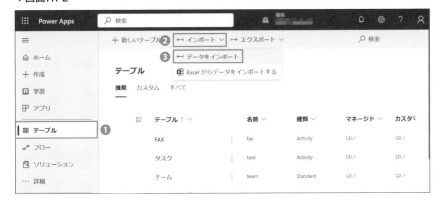

　[データソースの選択] ダイアログが表示されたら、[ファイルのアップロード] の [参照] をクリックします (画面A1-3)。

▼画面A1-3

　[データソースへの接続] ダイアログが表示されるので、ダウンロードした Excelをアップロードします❶。

　サインイン要求画面が表示されたら、Microsoft 365開発者プログラムで作成 したユーザーIDでサインインしますが、その際は [接続の資格情報] の下で [認 証の種類] を [組織アカウント] ❷に変更したうえで [サインイン] ❸をクリック します (画面A1-4)。

▼画面A1-4

　サインインが済み、接続する準備が整うと［次へ］ボタンが使用可能になるので、［接続設定］❶の表示を確認したうえで、［次へ］❷をクリックします（画面A1-5）。

▼画面A1-5

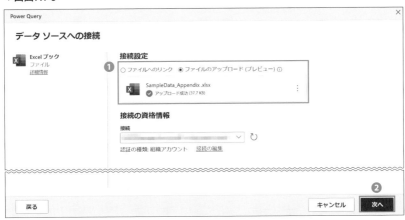

　次に、DataverseへインポートするExcelテーブルを指定します。
　今回は2つのテーブル、［契約テーブル］❶と［製品マスタ］❷を選択し、［次へ］

❸をクリックします（画面A1-6）。

▼画面A1-6

Power Queryの画面が表示されます。今回は特に変更を加えず、［次へ］をクリックします（画面A1-7）。

▼画面A1-7

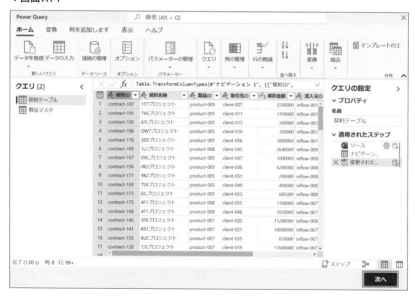

> Power Query の詳細については、Chapter 3 の「Power Query を使った
> データモデリング」(63ページ) を参照してください。

　作成する Dataverse テーブルの設定を行います。[マップテーブル] ダイアログ
で [契約テーブル] と [製品マスタ]の設定をそれぞれ行い、[次へ] ❻ をクリック
します (表A1-1、表A1-2、画面A1-8)。

▼表A1-1　[契約テーブル] の設定項目

No	項目		設定値
❶	クエリ		契約テーブル
❷	読み込みの設定		[新しいテーブルに読み込む] を選択
❸	読み込みの設定	テーブル名	Demo 契約テーブル
❹	読み込みの設定	テーブルの表示名	Demo 契約テーブル
❺	列マッピング	一意のプライマリ列名	契約ID

▼表A1-2　[製品マスタ] の設定項目

No	項目		設定値
	クエリ		製品マスタ
	読み込みの設定		[新しいテーブルに読み込む] を選択
	読み込みの設定	テーブル名	Demo 製品マスタ
	読み込みの設定	テーブルの表示名	Demo 製品マスタ
	列マッピング	一意のプライマリ列名	製品ID

Appendix

▼画面A1-8

[設定の更新] ダイアログで [手動で更新] (デフォルト) を選択してから、[公開] ❶⇒ [今すぐ公開する] ❷をクリックし、ExcelのテーブルをDataverseテーブルにインポートします (画面A1-9)。

▼画面A1-9

ここまでの手順で、既存のデータ (Excelファイル) をもとにDataverseテーブルの作成と移行ができました。

Dataverseテーブルのデータ管理

続いてDataverseテーブルのデータを管理する方法を説明します。

Dataverseテーブルのデータを管理する方法は大きく3つあります。

1. Dataverseテーブルの概要ページからブラウザ画面上で直接データを編集する
2. DataverseテーブルをExcel画面でデータを編集する
3. Dataverseテーブルをもとにアプリを作成し、アプリ上からデータを編集する

　ここでは、新たに操作を学習しなくてもデータの編集ができる「2. DataverseテーブルをExcel画面でデータを編集する」の方法を紹介します。

　まず、左側のナビゲーションペインの［テーブル］❶をクリックし、先ほどインポートした［Demo契約テーブル］❷をクリックします（画面A1-10）。

▼画面A1-10

　［Demo契約テーブル］で［編集］❶⇒［Excelでデータを編集］❷をクリックします（画面A1-11）。

▼画面A1-11

　Excelファイルのダウンロードが始まります。ダウンロード後にファイルが自動的に開かれない場合は、手動でそのExcelファイルを開いてください。初めてDataverseのテーブルをExcelで開いたときにはアドインの追加が必要になります。

　Excelウィンドウの右側に表示される［新しいOfficeアドイン］ウィンドウの［承諾して続行］をクリックします（画面A1-12）。

▼画面A1-12

　Excelウィンドウの右側の［Microsoft PowerApps Office Add-in］ウィンドウにある［サインイン］をクリックし、サインインしてください（画面A1-13）。

▼画面A1-13

Dataverse テーブルのデータが Excel のテーブル上に表示されます❶ (画面A1-14)。

データを変更してから [公開] ❷をクリックすると、変更内容が Dataverse テーブルに適用されます。

▼画面A1-14

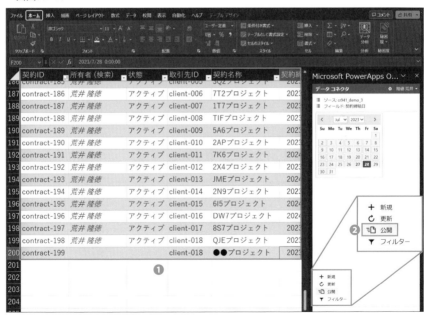

［Demo契約テーブル］の概要ページに最新情報が反映されていることを確認します（画面A1-15）。

▼画面A1-15

A1-3　リレーションシップを構成する

作成したDataverseテーブル同士でリレーションシップを構成します。

［Demo契約テーブル］の概要ページの［スキーマ］にある［リレーションシップ］をクリックします（画面A1-16）。

▼画面A1-16

　画面が切り替わったら、[＋新しいリレーションシップ]❶⇒[＋多対一]❷をクリックします（画面A1-17）。

▼画面A1-17

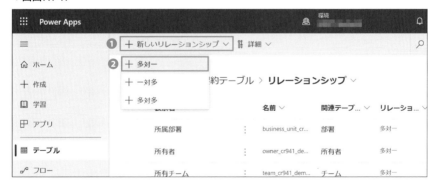

　リレーションシップを構成する関連テーブルを指定します。関連テーブルには[Demo製品マスタ]❶を指定し、[完了]❷をクリックします（画面A1-18）。

Appendix

309

▼画面A1-18

　これまでの手順で、契約テーブルと製品マスタのリレーションシップ構成が完了しました。

A1-4　Power BI DesktopでDataverseに接続する

　最後に、Power BI DesktopからDataverseに接続してみましょう。

　Power BI Desktopを開き、[ホーム] ❶ ⇒ [データを取得] ❷ ⇒ [Dataverse] ❸ をクリックします（画面A1-19）。

▼画面A1-19

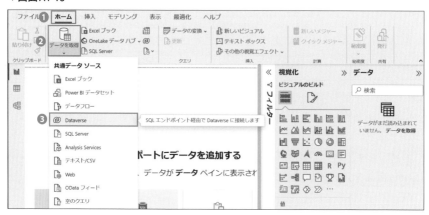

［ナビゲーター］ウィンドウで［Dataverse］❶⇒［MSFT (default) (org...)］❷を
クリックします（画面A1-20）。［ナビゲーター］ウィンドウにアクセスする際にサ
インインを要求された場合は、サインインしてください。

▼画面A1-20

　展開されたDataverseテーブル一覧から［crXXX_demo］❶と［crXXX_demo_
2］❷のチェックボックスをオンにし、［読み込み］❸をクリックします（画面A1-
21）。

　crXXXのcrは環境ごとに異なる接頭辞です。XXX部分は自動採番される数
字です。各自の環境に合わせて接頭辞および数字は変わりますので、読み替えて
ください。

▼画面A1-21

　Dataverseテーブルでは、「システム列」と呼ばれる［作成日］、［作成者］、［修正日］、［修正者］などがテーブルに自動追加されています。取り込みが不要な場合は［データの変換］をクリックし、Power Queryで不要列を削除してください。

Power Queryで不要なデータを削除する方法については、Chapter 3の「Power Queryを使ったデータモデリング」（63ページ）を参照してください。

　［接続の設定］ダイアログでは、データソースへの接続方法として［Direct Query］❶を選択し、［OK］❷をクリックします（画面A1-22）。

▼画面A1-22

　Power BIでは、データソースへの接続方法として、「インポート」と「Direct Query」の2つを提供しています。Excelなどのデータソースではオンプレミスデータゲートウェイを経由した指定時刻でのデータ取得のみになりますが、Power BIと親和性の高いDataverseではリアルタイムのデータ直接取得することができます。それぞれの違いを表A1-3に示します。

▼表A1-3　Power BIのデータ接続方法

項目	インポート	DirectQuery
説明	データをPower BI上のデータセットにコピーを取得する	データソースに直接接続してデータを取得する
データ取得頻度	データセットに設定したデータ取得スケジュールに従う	リアルタイムデータ
データサイズの制限	データセットの上限である1GBまで	100万行まで（接続先データがクラウドリソースの場合）
データ取得のスピード（考え方の参考）	データセットに対する最大1GBの取得であるため、比較的速い	最大100万行の取得となるためデータ取得クエリの構造に依存したスピードになる
用途	初心者〜中級者向け	中級者〜上級者向け
ユースケース	定期的に最新化されたデータの取得・分析でよい場合	リアルタイムデータの取得・分析が必須の場合

　データソースへの接続設定に関する詳細は、次のMicrosoft公式サイトを参照してください。

• Power BIのデータ接続モード（Microsoft Learn）

URL https://learn.microsoft.com/ja-jp/power-bi/connect-data/desktop-directquery-about#power-bi-data-connectivity-modes

　これらの操作方法で、Excelのテーブルデータを使ってDataverseの新規テーブルを作成し、データを移行し、Power BI DesktopにDataverseのデータソースをつなげることができました。

＊　＊　＊

　最後に、Power BI Desktopでモデルビューを表示し、正しい構成で接続ができているか確認してみましょう。

　［モデルビュー］❶をクリックし、テーブル間のリレーションシップを右クリックし❷、［プロパティ］❸をクリックします（画面A1-23）。

Appendix

▼画面A1-23

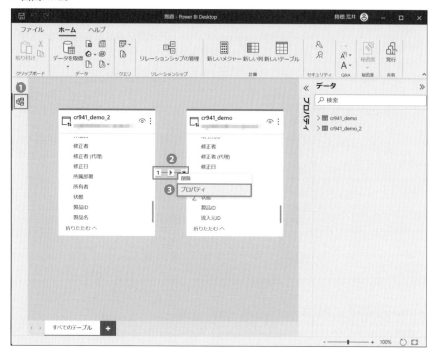

　［リレーションシップの編集］ダイアログが表示されます（画面A1-24）。テーブルとリレーションシップを構成する列との関係が正しく取得できるか確認し、［OK］❶をクリックします。リレーションシップの列が想定と異なる場合は修正してください。

例　［契約テーブル］の［製品ID］列❹と［製品マスタ］の［製品ID］列❺でリレーションシップを構成する

▼画面A1-24

本Appendixでは、Power BIとDataverseの組み合わせによって得られるメリットや使用方法について説明しました。まとめとして、以下のポイントが挙げられます。

A1-5　まとめ

本Appendixでは、Power BIとDataverseの組み合わせによって得られるメリットや使用方法について説明しました。まとめとして、以下のポイントが挙げられます。

- **簡単なデータ連携**：Power BIとDataverseの組み合わせにより、データの取り込みや共有が容易になります。
- **高いセキュリティ**：Dataverseを使用することで、安全なデータ保管が可能です。これにより、Power BIでのデータ分析も安心して行うことができます。
- **効率的なデータ分析**：Power BIとDataverseの組み合わせにより、リアルタイムでのデータ更新やチームでのコラボレーションが可能になります。これにより、迅速な意思決定や効率的なデータ分析が実現できます。

Appendix

　もっと詳細な Dataverse の活用方法を知りたい方は、姉妹書の『Microsoft Power Platform ローコード開発［活用］入門——現場で使える業務アプリのレシピ集』、『Microsoft Power Apps ローコード開発［実践］入門——ノンプログラマーにやさしいアプリ開発の手引きとリファレンス』をご覧ください。

　Dataverse テーブルのデータ管理運用、管理可能なデータの拡張、Dataverse を軸にしたアプリケーション開発などの Dataverse の基本と応用、そして豊富なリファレンスを掲載しています。

　Power BI と Dataverse を活用し、データ分析や意思決定をさらに効率化し、データの活用範囲を広げて、デジタル変革（DX）を加速させていきましょう。

Appendix 2

Microsoft Fabric
──AI時代のデータ分析ソリューション

Microsoftが新たに提供を開始する「Microsoft Fabric」は、SaaSを基盤としたデータ分析統合プラットフォームです。ここではプレビュー版をもとに概要について解説します。

A2-1 Microsoft Fabric

Microsoft Fabricの登場

2022年11月に公開されたOpenAIのChatGPTは、チャット形式で誰でも簡単にAIを利用し、対話を通じて必要な答えを生成できることから大きな話題を呼び、AIの価値を世界に知らしめました。

そして、ChatGPTの登場以降、さまざまなAIサービスが誕生し、2023年1月には、MicrosoftがOpenAIとのパートナーシップのもと、企業向けAIサービスであるAzure OpenAI Serviceの一般提供を開始しました。いよいよ、個人だけでなく企業でもAIを活用できるAI時代が到来したのです。

AI時代のデータ分析ソリューションとして、Microsoftが注力しているサービスがMicrosoft Fabricです。Microsoft Fabricは今までサイロ化されていた分析に必要となる多種多様なデータを一か所に集約し、AIを活用してインサイトを生成できます（図A2-1）。これにより、インサイトを得るまでのプロセスを効率化、時短化でき、さらに迅速な意思決定ができるようになります。

なお、Microsoft Fabricはさまざまなサービスを包括した総称です。Power BIはMicrosoft Fabricに包括され、また単独でも引き続き利用できます。

▼図A2-1　Microsoft Fabric の動作環境

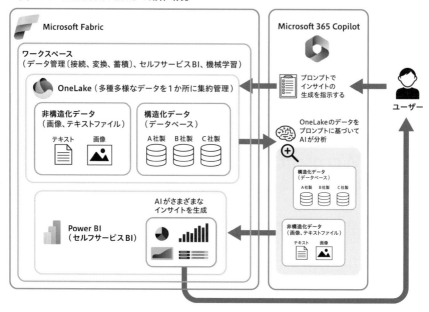

Microsoft Fabric の特徴

1. Office 製品と同じような操作感で利用可能

　慣れ親しんだOffice 製品を使うような感覚で操作でき、必要最小限の学習で利用を開始できます（画面A2-1）。Microsoft 365、Power BI と同じ画面構成、同じような表示形式や操作でMicrosoft Fabric を使うことができます。

▼画面A2-1

出所：【D1-5】Microsoft Fabric - AI 時代のデータ分析（概要編）、日本マイクロソフト株式会社公式チャンネル［YouTube］
URL https://youtu.be/W5T_7FC6F88?si=dk6sD4gWg5hflDq4

2. データレイク「OneLake」でデータの統合管理

　OneLakeと呼ばれる多種多様なデータを一か所に集約できる機能で、異なる形式（非構造化／構造化）のファイルやデータベースやさまざまなベンダーのデータソースでも1つの画面で統合管理できます（図A2-2）。

　また、「OneLakeファイルエクスプローラー」というWindowsのエクスプローラーとOneLakeの情報を同期するツールを使用すれば、慣れ親しんだエクスプローラーと同じ感覚で同期されたデータを確認することができます。

　画面A2-2はクラウド上に格納されたデータ、画面A2-3はクラウド上のデータと同じ内容をOneLakeファイルエクスプローラーで閲覧している様子を表しています。

▼図A2-2 OneLakeの動作環境

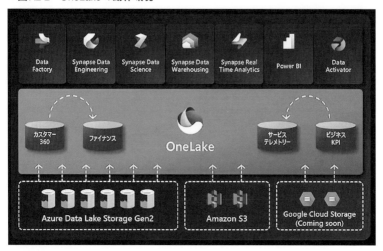

出所：【D1-5】Microsoft Fabric - AI 時代のデータ分析（概要編）、日本マイクロソフト株式会社
公式チャンネル［YouTube］
URL https://youtu.be/W5T_7FC6F88?si=dk6sD4gWg5hfIDq4

▼画面A2-2

出所：【D1-5】Microsoft Fabric - AI 時代のデータ分析（概要編）、日本マイクロソフト株式会社
公式チャンネル［YouTube］
URL https://youtu.be/W5T_7FC6F88?si=dk6sD4gWg5hfIDq4

▼画面A2-3

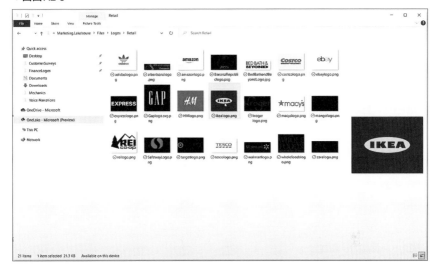

出所：【D1-5】Microsoft Fabric - AI 時代のデータ分析（概要編）、日本マイクロソフト株式会社
公式チャンネル［YouTube］
URL https://youtu.be/W5T_7FC6F88?si=dk6sD4gWg5hfIDq4

3. データ分析に関わる機能をオールインワンで提供

　データ分析に関わる機能をオールインワンで提供しています（図A2-3）。デー
タの取り込み、変換、蓄積、機械学習、リアルタイム分析、セルフサービスBI、
セキュリティ、ガバナンス、運用監視などの機能が、すべてMicrosoft Fabricに
備わっており、分析に係わる初心者から経験豊富な専門家までチーム全員が一
か所ですべてのデータを整理し、価値を創ることができます。

▼図A2-3　Microsoft Fabric はデータ分析に関わる機能をすべて提供

出所：【D1-5】Microsoft Fabric - AI 時代のデータ分析（概要編）、日本マイクロソフト株式会社公式チャンネル［YouTube］
URL https://youtu.be/W5T_7FC6F88?si=dk6sD4gWg5hfIDq4

4. AI機能を利用して高度な分析が可能

　AI機能（Microsoft 365 Copilot）が搭載されている統合分析サービスであり、チャット（自然言語）を通してやりたいことを伝えることで、Microsoft Fabricがインサイトを含むさまざまな提案、たとえばクリックメジャー（DAX）の生成、データソースに対するSQLクエリ（データソースに対するデータ抽出条件や範囲を列挙した命令群）を生成してくれます。その他にも、データ分析、レポートの生成、データ変換などでも、プロンプトに基づいて結果を生成してくれるため、生産性を大きく向上させることができます。

　画面A2-4では、Microsoft 365 Copilotでプロンプト（生成したいインサイトに関連する要件や条件など）を入力しています。画面A2-5では、Microsoft 365 Copilotが入力されたプロンプトをもとにOneLakeのデータソースを分析し、Power BIのレポートを生成し、ユーザーにインサイトを提供している様子を表しています。

▼画面A2-4

出所：Copilot in Power BI Demo、Microsoft Power BI［YouTube］
URL https://youtu.be/wr__6tM5U6I?si=JbetAKqHXnmZ8BP_

▼画面A2-5

出所：Copilot in Power BI Demo、Microsoft Power BI［YouTube］
URL https://youtu.be/wr__6tM5U6I?si=JbetAKqHXnmZ8BP_

Appendix

本書執筆時点（2023年8月）では、Microsoft Fabricは一般公開（General Availability：GA）されていないため、プレビューでの利用となります。プレビューにはパブリックプレビュー（利用申込から60日間の無料試用）、プライベートプレビュー（Microsoftから指定された一部企業のみ限定利用）が含まれます。Microsoft FabricのSKU（サービスのエディションやプランのようなもの）によってプレビュー提供の範囲も異なるため、詳細はMicrosoft公式サイトをご確認ください。

Microsoftのクラウド、AIサービス、Power BI、その他にもさまざまな周辺技術がさらに進化し、高度なデータ蓄積、変換、分析が可能になることで、それらのサービスを包括し統合するMicrosoft Fabricも、その利用範囲が広がることが予想されます。

Microsoft Fabricを活用することで総合的なデータ分析を効率的に行い、迅速な意思決定やビジネスの成長をサポートできます。本書をきっかけにMicrosoft Fabricの試用を検討してみてください。

参考資料

- Microsoft Fabric プレビュー試用版 開始手順
  URL https://learn.microsoft.com/ja-jp/fabric/get-started/fabric-trial
- Microsoft Fabric プレビュー登録サイト
  URL https://aka.ms/TryFabric
- Microsoft Fabric 製品サイト
  URL https://www.microsoft.com/ja-jp/microsoft-fabric
- Microsoft Fabric ドキュメント
  URL https://learn.microsoft.com/ja-jp/fabric/
- Microsoft Fabric トレーニングコンテンツ(Microsoft Learn)
  URL https://learn.microsoft.com/ja-jp/training/paths/get-started-fabric/
- OneLake ファイルエクスプローラー
  URL https://learn.microsoft.com/ja-jp/fabric/onelake/onelake-file-explorer

索引

執筆者紹介

株式会社FIXER

クラウドを活用したエンタープライズシステム構築に強みを持つクラウドインテグレーターである。クラウド基盤である「Microsoft Azure」が本格的にサービスを開始する前の2009年に創業し、翌年の正式サービス開始と同時にエンタープライズクラウドシステムの事例を次々と発表。日本におけるクラウドの黎明期からその普及の一翼を担ってきた。その実績を評価され、2021年にはMicrosoft CorporationよりCloud Native App DevelopmentのカテゴリーでWinnerに選定されている。

市場と真のビジネスニーズとのギャップを常に意識し、最先端の技術的アプローチを含むベストプラクティスを用いて、顧客とユーザーの両方に最高のサービスを届けている。「Technology to FIX your challenges.」を企業理念とし、顧客と従業員のチャレンジを共に成就することで、社会への貢献を目指している。

著書に『Microsoft Power Platformローコード開発［活用］入門——現場で使える業務アプリのレシピ集』『Microsoft Power Apps ローコード開発［実践］入門——ノンプログラマーにやさしいアプリ開発の手引きとリファレンス』（共に技術評論社）がある。
オウンドメディアの『世界一クラウドネイティブな技術メディア cloud.config Tech Blog』では、明日の仕事に役立つPower Platformのノウハウ情報を発信している。
URL https://tech-blog.cloud-config.jp/

青井 航平 （あおい こうへい）

Cloud Solutions Engineer
営業管理アプリ（Sales Force Automation）開発を経て、現在は官公庁向けシステム開発業務に従事している。『cloud.config Tech Blog』ではPower Platformの新機能解説や性能検証ブログなど、実務に活用できるノウハウを発信している。
担当：Chapter 1/2

萩原 広揮 （はぎはら ひろき）

Cloud Solutions Engineer、DX Consultant
FIXERの社内BPR＆DX業務に従事し、営業管理アプリ（Sales Force Automation）開発や、経理業務の自動化、費用予測システムの開発などバックオフィス全体の業務効率化を推進している。デジタル人材育成のため、行政向けDXセミナーで講師としての登壇や、現場で役立つローコード・ノーコード開発の知見を『cloud.config Tech Blog』にて発信している。
担当：Chapter 3

荒井 隆徳 (あらい たかのり)

FY23 Microsoft Top Partner Engineer (Business Applications)、Microsoft Certified Trainer、Microsoft Power Platform Solution Architect

すべての人がクラウドとAIをもっと身近に、もっと簡単に使えるよう、メディアへの技術記事の寄稿や自社オウンドメディアの『cloud.config Tech Blog』でのノウハウの発信を通じた啓蒙活動を積極的に行っている。また、FIXERが三重県四日市市に開所したMicrosoft Base Yokkaichi (地域連動型人材育成拠点) で、行政と連携した四日市市民、地域企業のデジタル人材育成を推進している。これらの実績を評価され、2023年には日本マイクロソフトの「Microsoft Top Partner Engineer Award」のBusiness ApplicationsカテゴリーでWinnerに選定されている。寄稿記事に『Azure資格試験対策［課金とサポート］』(日経クロステック)、『ポイントを速習！「Azureの基礎 (AZ900)」をみんなで学ぶ』(TECH.ASCII.jp) がある。

担当：Chapter 4/5/6/7、Appendix 1/2

監修者紹介

春原朋幸 (すのはら ともゆき)

Partner Technology Strategist ／日本マイクロソフト株式会社

Microsoftのクラウドサービスを提供しているSystem Integrator (パートナー) の技術戦略を支援し、パートナーのソリューション開発やクラウド人材の育成を推進している。

西村 栄次 (にしむら えいじ)

Sr Partner Solution Architect ／日本マイクロソフト株式会社

サービス部門でデータベース関連製品のコンサルタントとして活動していたが、現在はパートナー事業本部に所属し、ソリューションアーキテクトとして活動している。パートナーがAzureのデータ分析関連製品やPower BIを使用してAnalyticsソリューションを開発するための支援を行っている。

- ●カバーデザイン　　UeDESIGN　植竹 裕
- ●本文設計・組版　　有限会社風工舎
- ●編集　　　　　　　川月現大（風工舎）
- ●担当　　　　　　　細谷謙吾

◆お問い合わせについて

　本書の内容に関するご質問につきましては、下記の宛先までFAXまたは書面にてお送りいただくか、弊社ホームページの該当書籍コーナーからお願いいたします。お電話によるご質問、および本書に記載されている内容以外のご質問には、いっさいお答えできません。あらかじめご了承ください。

　また、ご質問の際には「書籍名」と「該当ページ番号」、「お客様のパソコンなどの動作環境」、「お名前とご連絡先」を明記してください。

お問い合わせ先
〒162-0846
東京都新宿区市谷左内町21-13
株式会社技術評論社　第5編集部
「Microsoft Power BI［実践］入門——BI初心者でもすぐできる!
リアルタイム分析・可視化の手引きとリファレンス」係
FAX：03-3513-6173

◆技術評論社Webサイト
https://gihyo.jp/book/2023/978-4-297-13793-9

　お送りいただきましたご質問には、できる限り迅速にお答えするよう努力しておりますが、ご質問の内容によってはお答えするまでに、お時間をいただくこともございます。回答の期日をご指定いただいても、ご希望にお応えできかねる場合もありますので、あらかじめご了承ください。

　なお、ご質問の際に記載いただいた個人情報は質問の返答以外の目的には使用いたしません。また、質問の返答後は速やかに破棄させていただきます。

Microsoft Power BI［実践］入門
—— BI初心者でもすぐできる! リアルタイム分析・可視化の手引きとリファレンス

2023年10月25日	初版 第1刷 発行	
2024年 8月 3日	初版 第2刷 発行	

監修者　春原 朋幸、西村 栄次
著　者　青井 航平、萩原 広揮、荒井 隆徳
発行者　片岡 巖
発行所　株式会社技術評論社
　　　　東京都新宿区市谷左内町21-13
　　　　電話　03-3513-6150　販売促進部
　　　　　　　03-3513-6177　第5編集部
印刷／製本　日経印刷株式会社

定価はカバーに表示してあります。

造本には細心の注意を払っておりますが、万一、乱丁（ページの乱れ）や落丁（ページの抜け）がございましたら、小社販売促進部までお送りください。送料小社負担にてお取り替えいたします。

ISBN978-4-297-13793-9　C3055
Printed in Japan